抖音短视频全攻略

麓山文化◎编著

录制 + 特效 + 直播 + 运营

人民邮电出版社
北京

图书在版编目（CIP）数据

抖音短视频全攻略 ：录制+特效+直播+运营 / 麓山文化编著. -- 北京 ：人民邮电出版社，2019.1（2023.10重印）
ISBN 978-7-115-50007-6

Ⅰ. ①抖… Ⅱ. ①麓… Ⅲ. ①视频编辑软件 Ⅳ. ①TN94

中国版本图书馆CIP数据核字(2018)第244196号

内 容 提 要

本书主要针对当下热门的抖音短视频 App，对音乐短视频的拍摄、后期处理手法进行讲解。以用户从零基础开始接触抖音，到会看、会玩、会运营的学习流程为主线，条理清晰，讲解易懂。

全书共 7 章，介绍了抖音的商业价值、注册与设置的常识、App 的基本玩法、视频的录制与发布、后期特效的制作、直播的开通与管理，以及流量变现的基本手段等，内容由浅入深，步骤操作简单。本书注重实操性，除了必要的理论阐述，均采用步骤导图的讲解模式，让读者能够轻松、快速地进行模仿练习，全面掌握抖音短视频 App 的核心功能。此外，本书还提供了拓展环节，针对抖音新的规则、容易失误和遗漏的操作进行补充说明。

本书适合广大短视频爱好者、抖音玩家和想要寻求突破的新媒体运营者阅读，也适合想要为自己的线下门店、品牌产品寻求流量突破的商家和企业学习。

◆ 编　　著　麓山文化
责任编辑　张丹阳
责任印制　陈　犇

◆ 人民邮电出版社出版发行　北京市丰台区成寿寺路 11 号
邮编　100164　电子邮件　315@ptpress.com.cn
网址　http://www.ptpress.com.cn
北京九州迅驰传媒文化有限公司印刷

◆ 开本：700×1000　1/16
印张：9.25　2019 年 1 月第 1 版
字数：234 千字　2023 年 10 月北京第 17 次印刷

定价：45.00 元

读者服务热线：(010)81055410　印装质量热线：(010)81055316
反盗版热线：(010)81055315
广告经营许可证：京东市监广登字 20170147 号

FOREWORD

前言

写作背景

近年来，短视频行业发展迅猛，越来越多的人开始关注和使用抖音。不论是作为娱乐手段，还是新时代的营销工具，抖音都是极具价值的。然而以抖音为首的这些短视频App与传统的视频社区玩法不尽相同，规则与功能也都在不断地完善。究竟如何才能站在短视频的“风口”上，在社交、流量变现等方面立于不败之地呢？学会生产优质内容，是根本中的根本。

本书特色

快速、高效地学习：不在简单、初级理论和案例上进行拖沓的说明。根据各阶段学习后应该达到的成果，对步骤进行缩略和衔接。

轻薄、碎片化阅读：篇幅精干，节约读者的学习时间，提升阅读体验；每个环节有自己的独立性，不同基础的读者可根据自身需求选择合适的学习起点。

轻松、浅显的语言：拒绝深奥、复杂的理论，针对核心读者的年龄阶段，采用轻松的语言，接地气的类比，让读者们能够快速代入，掌握全书的讲解节奏。

内容框架

全书共7章，内容从价值认同到运营变现。

第1章：从抖音的发展历程与现状出发，举例说明抖音的魅力所在，从而引出抖音核心玩法。

第2章：为零基础抖音用户提供入门思路。从抖音的下载注册，到必要的设置都包括，让读者少走弯路。

第3章：以观众的角度，讲解抖音短视频的基本玩法，短视频社区的互动功能，以及观看和参与抖音直播的小窍门。

第4章：以玩家的角度，随着新手第一次录制视频，第一次剪辑发布，第一次运营粉丝，逐步加深对抖音核心玩法的理解与学习。

第5章：紧随前面的内容，加深对抖音短视频制作技巧的操作。通过丰富的道具、手法甚至第三方辅助软件，拍摄更惊艳的视频。

第6章：再次回到直播，如何获取权限，怎么样管理自己的直播间。让一部分对短视频、直播有职业需求的读者了解直播规则。

第7章：升华主题。针对抖音的营销力，强调如何变现。让读者逐渐学会吸引流量、经营粉丝，将粉丝流量转化为真实的盈利。

读者群体

本书适合抖音核心用户，即爱好音乐和娱乐，希望通过新媒体新平台展现自己的年轻人，以及想要借助抖音，推广和运营品牌的个人和企业。本书语言浅显易懂，对于新潮词汇有补充说明，因此也能够满足希望学习抖音短视频玩法的中老年读者朋友的需要。

编者

2018年10月

CONTENTS

目 录

第 1 章
初识抖音短视频

1.1 短视频时代的到来............................8

1.1.1 社交App——Dubsmash..................8

1.1.2 引发短视频热潮——小咖秀................9

1.1.3 头条号旗下的新锐——抖音..............11

【达人故事】宠物配音很搞笑................13

1.2 抖音的魅力在哪里........................13

1.2.1 席卷十亿用户的娱乐属性................14

1.2.2 手机短视频的品牌营销力................16

1.2.3 流量变现的商业价值......................19

【达人故事】抖音带火线下店................20

第 2 章
进入抖音

2.1 下载注册玩起来............................22

2.1.1 流量预警：视频应用消耗很大........22

2.1.2 安装软件：应用商店搜索下载..........23

2.1.3 初次登录：选择手机短信验证..........26

2.1.4 完善资料：个人信息慎重填写..........28

2.1.5 初试抖音：轻松一滑看你所想..........32

【“抖友”分享】视频缓存随手清..........35

2.2 安全设置很重要............................36

2.2.1 抖音密码：固定设置免发短信..........36

2.2.2 实名认证：身份证件真名核对..........39

2.2.3 账号绑定：选择合适的第三方账号...41

2.2.4 手机绑定：更换号码谨慎选择..........43

2.2.5 个人认证：达成条件即可尝试..........44

【“抖友”分享】安全中心解疑惑..........46

第 3 章
极速畅玩

3.1 新鲜内容随便看............................48

3.1.1 抖音热搜：话题挑战一应俱全..........48

3.1.2 身边红人：首页同城可选定位..........50

3.1.3 喜欢作品：点击红心随时观看..........53

3.1.4 欣赏主播：猛戳关注了解更多..........55

3.1.5 参与其中：私信评论都很方便..........57

【“抖友”分享】通过歌声搜索同款......59

3.2 好友“播主”来互动......................59

3.2.1 分享快乐：下载收藏链接平台..........59

3.2.2 邀请好友：同步自己的通信录..........61

3.2.3 隐私设置：屏蔽拉黑避免打扰..........62

3.2.4 通知设置：接收消息以防错过..........63

3.2.5 自我推广：海报扫码一键生成..........64

【“抖友”分享】看视频如何免流量......65

3.3 抖音也能看直播............................66

3.3.1 直播入口：没有专栏如何进入..........66

3.3.2 互动技巧：弹幕表情全屏滚动..........67

3.3.3 抖币充值：真实货币量力而行..........68
3.3.4 礼物赠送：把握时机引起关注 69
3.3.5 加粉丝团：观众特权体验上升 71
【“抖友”分享】开启未成年人保护模式 ...72

第4章
亲身体验

4.1 录制第一个视频 74
4.1.1 第一步：选择背景音乐.....................74
4.1.2 第二步：确定拍摄的模式.................76
4.1.3 第三步：开始拍摄短视频.................77
4.1.4 第四步：预览并选择保存.................80
4.1.5 第五步：发布你的短视频................ 81
【“抖友”分享】倒计时的实用效果 82
4.2 你的第一次剪辑 83
4.2.1 有空白：音乐长度可剪切.................83
4.2.2 有杂音：混音大小能调节 84
4.2.3 不满意：多种滤镜可更换 85
4.2.4 定主题：关键一帧做封面 87
4.2.5 定分类：设置地标与话题 88
【“抖友”分享】长视频录制的权限 89
4.3 经营第一位粉丝 90
4.3.1 管理：消息界面查看更新.................90
4.3.2 互动：积极回复有效评论 92
4.3.3 交叉：及时处理被@信息................92
4.3.4 回馈：录制视频@活跃粉丝.............93
4.3.5 引流：平台主页转移粉丝 93
【“抖友”分享】与抖音小助手互动 94

第5章
特效炸裂

5.1 拍摄前的背景准备..........................96
5.1.1 速度：录制镜头快慢设置 96
5.1.2 音乐：本地原创插入剪辑.................97
5.1.3 道具1：固定背景特效选择 99
5.1.4 道具2：跟随控制特效选择...............99
5.1.5 特殊的拍摄过程............................ 101
【“抖友”分享】本地视频图片上传 103
5.2 第三方来做补充 103
5.2.1 多图多频拼接：Video Collage......103
5.2.2 故障艺术特效：Photo Mosh 105
5.2.3 名片化效果：美摄........................107
5.2.4 简单的抠像：After Effects 108
5.2.5 文字型特效：Photoshop..............109
【“抖友”分享】短视频大小的剪裁 110

CONTENTS

目录

第6章 直播

6.1 抖音直播的开通....112
6.1.1 开通条件：官方标准三达一....112
6.1.2 开通方法：官方邮箱发申请....114
6.1.3 平台签约：再次申请等审核....116
6.1.4 进入直播：开启我的直播间....118
【“抖友”分享】如何发送视频链接....120
6.2 手机直播的技巧....121
6.2.1 内容定位：用户的画像特征....121
6.2.2 直播礼仪：礼物的念白感谢....123
6.2.3 礼物提现：绑定支付的方式....125
6.2.4 直播推送：多平台开播提醒....127
【“抖友”分享】直播插件添加特效....128

第7章 流量变现

7.1 抖音视频营销法....130
7.1.1 产品展示：直接秀出来....130
7.1.2 制作周边：品牌软植入....133
7.1.3 放大特性：印象深刻化....136
7.1.4 描述事实：口碑做展示....138
【“抖友”分享】原创视频效果更佳....141
7.2 推广节点需掌握....141
7.2.1 黄金时间：争取最初10分钟....142
7.2.2 高效频率：抓住用户集中时段....143
7.2.3 注重原创：经营粉丝需要内容....145
7.2.4 知识变现：才艺展示永不过时....147
【“抖友”分享】好友互推至关重要....148

第1章 初识抖音短视频

当他低头时，他在玩什么？当她微笑时，她在看什么？当他们举起手机时，他们在拍些什么？当音乐响起时，你又想起了什么？短短不到一年的时间，名为“抖音”的短视频App用户量突破10亿，几乎占据了全球1/7的人口。截至2018年6月12日，抖音App的国内日活跃用户数量达到1.5亿，可以理解为几乎每10个人中此时此刻就有1人在玩抖音。这款App到底有着什么样的“魔力”？

想要了解抖音，就要从短视频火爆的原因开始挖掘。随着智能手机功能的增强，在移动端已经可以实现更多的创意。2011年，快手推出了短视频的前身——GIF快手（大致等同于我们所看到的动态图），可以说是掀开了国内短视频创作的第一页。

接下来看一看，短视频为何能成长到今天，抖音又是如何爆红的。

1.1 短视频时代的到来

因为网络技术的限制，不论是快手，还是后来微博推出的秒拍、腾讯推出的微视等，在一段时间内都处于不温不火的状态。直到4G网络的普及，短视频才真正迎来了自己的春天。国内以美图秀秀为首的品牌融合拍摄、修图的功能，加之微博强大的分享功能，拍摄短视频（图 1-1）成为年轻群体的新宠。

图 1-1 在年轻人中风靡的短视频自拍

1.1.1 社交App——Dubsmash

与现在制作成熟且颇具观赏性的短视频不同，早期的短视频以纪实为主，大多采用纯录制或添加一定旁白的形式，并没有太多的后期处理。大多数好看、好玩的视频，尤其是“草根达人”的音乐、舞蹈秀等，极少为国内网友的原创，主要来源是转载国内专辑或国外视频网站和社区的 MV（图 1-2）。由于手法专业、拍摄困难，让“草根们”即便是翻拍现成的MV都难掩“山寨气息”。

门槛高就意味着普及率低，大多数人只能作为观众而非玩家。在参与度不高的情况下，观众们通过点赞、评论来进行交流。比较具有代表性的就是网易，一直到今天，网易云音乐都延续着评论比MV更精彩的特殊“传统”。而与此同时，在2014年，一款由德国Dubsmash公司（图 1-3）开发的对嘴形表演App引起了一部分玩家和创业公司的注意。

图 1-2 MV音乐短视频

图 1-3 Dubsmash App

用户只需要配合Dubsmash App中的音频和字幕，进行简单的对嘴形表演（图 1-4），不需要专门为此进行策划、拍摄和录制。平台为用户提供了包括电影、动画短片、广告等多种音频模板，趣味性强。而且音频录制时间不到10秒，容易上手。更值得一提的是，“草根们”可以把自己录制的视频发布到官方平台上，视频可以被其他用户看到，通过此方式将社交属性融合进来。

2014年，短视频社交模式已经初见端倪，大量优秀的短视频社交App涌现出来。例如，目前已经被今日头条收购的Musical.ly（图 1-5），也曾在北美拿下600万的活跃用户。同一时间，国内也有不少短视频App崭露头角，短视频行业出现了激烈的竞争。值得一提的是，短视频App不再局限于拍摄与后期，更多地走向了社交领域，记录与分享成为短视频的主题。

图 1-4 Dubsmash视频

图 1-5 泰勒·斯威夫特的Musical.ly

【小抖知道】

Dubsmash，平均每5天新增100万用户量，下载量超过 1.4 亿。

Warner Bros是首个通过邀请用户在电影片段中进行对嘴形表演从而推广3D动画电影（片名《Storks》）的品牌。

Musical.ly，2017年11月10日，今日头条用10亿美元购买北美音乐短视频社交平台Musical.ly，与抖音合并。

1.1.2 引发短视频热潮——小咖秀

若是熟悉网络新事物的人，看到这些App很容易想起国内曾经爆红网络，引入无数明星流量的短视频App——小咖秀。登场较晚的小咖秀（图 1-6）自2015年正式上线后，仅2个月时间，就成为App Store排行榜的第1位。除了延续“前辈们”的娱乐属性与社交属性，小咖秀更注重内容原创性，其定位是“草根”娱乐视频UGC（User Generated Content，指用户原创内容）平台。

小咖秀除了对嘴形表演，还新增了合演、原创等表演方式。玩家们可以异地合拍视频（图1-7），使得App的社交互动达到了新高度，众人纷纷玩起了与明星、好友的“合作”。不得不说，小咖秀将明星效应发挥到了极致，“明星用户”的加入将一大批粉丝流量引了进来。小咖秀还为原创用户提供了大舞台“校咖大赏”等，抓住视频用户核心群体，把线上线下同时调动了起来。

图 1-6 小咖秀

图 1-7 合演

除此之外，小咖秀所发起的模仿秀和各类挑战，都为后来者提供了不少的新思路。凭借优秀的运营能力和创新思维，小咖秀更是在2017年获得了由《互联网周刊》和eNet研究院共同评出的“2017中国短视频企业排行榜TOP100”第1名的殊荣（图 1-8）。

至此，短视频进入了一个新阶段。2016年到2017年，包括抖音在内的短视频App出现井喷，如火山小视频、西瓜视频、土豆视频、梨视频等（图 1-9），行业在不断完善，竞争逐渐呈现白热化。可以说，谁真正抓住了当下的用户需求，谁就有可能一飞冲天。而接下来要讲到的，也就是我们的主角——抖音，抖音凭借其精准的定位，把自己带到了领头羊的位置。

2017 中国短视频企业排行榜 TOP100

排名	名称	行业	iBrand	iSite	iPower	综合得分
1	一下科技（秒拍，小咖秀）	文化娱乐	99.64	94.81	92.92	94.45
2	快手	文化娱乐	87.31	87.81	96.27	93.63
3	美图秀秀（美拍）	文化娱乐	82.24	94.58	96.63	93.55
4	Musical.ly 妈妈咪呀	文化娱乐	80.67	92.77	96.44	92.92
5	Faceu 脸萌科技	社交网络	85.00	91.50	94.83	92.53
6	一条视频	文化娱乐	82.00	93.99	95.23	92.46
7	Blink 快看	社交网络	81.99	87.19	95.48	91.95
8	小影 VivaVideo	社交网络	78.91	94.98	95.23	91.94

图 1-8 2017年中国短视频企业排行榜（部分）

图 1-9 井喷的短视频App

【小抖知道】

抖音短视频2016年9月26日上线，当时的名字叫A.me，同年12月22日正式更名为抖音短视频。抖音用1年时间，实现了视频日均播放量超过10亿次，日活跃用户数达到千万级；经过500天左右就成为App Store摄影与录像类应用排行榜的第1名。

1.1.3 头条号旗下的新锐——抖音

抖音上线之初，其口号是“记录美好生活”（图 1-10），定位是“年轻人的音乐短视频社区”。就功能来讲，抖音可谓是集大成者。与小咖秀等相仿，只需短短15秒，“抖友”（抖音用户的昵称）就可以通过选择歌曲、拍摄视频来完成自己的作品。不过，抖音还集成了类似美拍等App的镜头、特效、剪辑等功能，来尽量减少因为需要后期而造成的流量转移，可谓是“一条龙服务”。

图 1-10 抖音，记录美好生活

然而最初的抖音仅为一个8人的小团队，上线不到半年就获得今日头条的种子投资。得益于今日头条压上的资金与大量的资源，抖音的“野心”不断实现。而紧接着，“小岳岳”（相声演员、影视演员岳云鹏）的转发为抖音的知名度带来了第一次飞跃。2017年初，一段“小岳岳”的粉丝模仿“小岳岳”本人唱歌的视频由于相似度极高而爆红。被顶上热门的视频很快进入了岳云鹏本人的视野，并获得了其微博转发（图 1-11）。千万级粉丝的“大V”转发很快就让抖音的名头扩散开来，更多人开始关注并下载抖音短视频App进行试用。不论这第一波“圈粉”是有意为之，还是无心插柳，总而言之，抖音第一次进入了大众的关注范围。

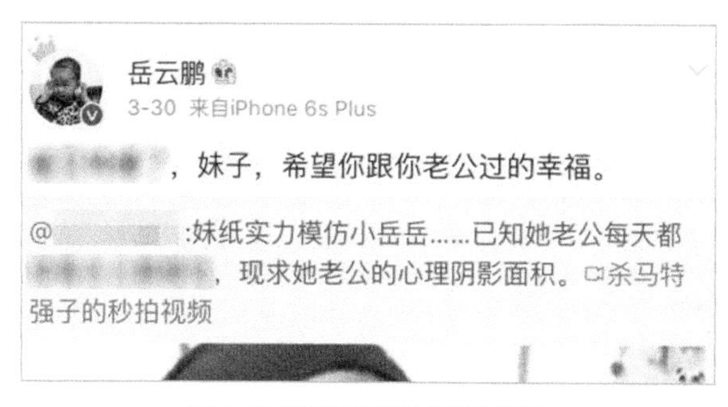

图 1-11 岳云鹏微博转发模仿视频

抖音用户数量激增，很快就成为公司的战略重点，签约明星不断，更与众多知名品牌（图 1-12）和综艺节目展开合作推广。更难能可贵的是，抖音在运营端的努力并非是用开发与创新的迟滞换来的。据2018年初的统计数据显示，抖音仅在iOS端就更新了至少40个版本，不断调整用户体验，增加新的功能，抓住时下热点，让“抖友”始终保持着新鲜感。

图 1-12 抖音与妆后的签约仪式

在经历了看似短暂的探索和发展期后，抖音短视频App已经基本锁定了各类手机应用市场排行榜的前三位，这与抖音神奇而独特的体验感是分不开的。初试抖音的用户或许感觉不太深刻，资深“抖友”每天至少会在抖音上花30分钟，不得不让人直呼这软件“有毒”。抖音与其他的App不同，没有设置明显的“播放/暂停”按钮（图 1-13），视频默认为自动播放。

一旦打开抖音App，直接进入首页开始播放视频，以近似刷微博的方式切换和浏览。视频采用滚动的无缝连接切换模式，加之视频本身比较短，体验极为流畅，让我们有一种顺水推舟的感觉。无论是走在路上，还是躺在床上，都能够腾出一只手来滑动手机（图 1-14），这已经成为现当代年轻人群体，甚至是部分中老年人群体极为喜爱的消遣方式，碎片化的生活需要，碎片化的娱乐体验。

图 1-13 没有“暂停”的抖音

图 1-14 公共交通“手机族”

【小抖知道】

抖音短视频App中没有分类，只有热门，包括舞蹈、演唱、模仿、生活黑客窍门、美食、宠物、恶作剧和特技表演等。根据2018年上半年的调查显示，每个“抖友”平均每天在抖音上停留20分钟以上。假设每个视频持续15秒，那么每天能观看82个完整的视频。抖音在2018年4月推出了一个“反瘾系统”来提醒“抖友”，差不多就行了，请返回现实生活。

【达人故事】宠物配音很搞笑

在2018年世界杯期间，德国队爆冷出局让球迷们大跌眼镜，而网友发挥娱乐精神竭力“恶搞”各类出局球队和巨星。其中，一只名为“德国队输球小猫咪”的配音神猫走红（图1-15）。网友将自家猫咪偶然间的神情动态拍摄成了视频，然后颇具创意地使用抖音上对口形配音的功能，给配上了“啊！输光”“猫粮都输光”等世界杯话题，加以剪辑并上传到“抖友”圈子里。

谁承想，一个小小的创意竟然引来了无数的点赞和转发。猫咪看似“绝望”的眼神，配合宠主逗趣的配音，让大家忍俊不禁，甚至掀起一股宠物配音热潮。家有宠物的“抖友”纷纷让“主子”出境，利用连续抓拍，捕捉宠物拟人化的动作和口型瞬间。比较有代表性的就是模仿小品《卖拐》中范伟那标志性的“呀呀呀呀”和给正在打架中的猫咪配上《天龙八部》中的打斗音乐等。

当然，如果家中并无萌宠，又想体验一把给宠物配音的乐趣，抖音也给我们提供了这样的机会。在抖音短视频App中，我们可以使用拍同类或者下载模板的方式，把其他“抖友”的资源拿来（当然，视频中会标明是别人的原创），直接玩。甚至可以通过“挑战”等方式，与其他同类视频进行比赛，看看谁的作品更加新奇有趣。这正是抖音的魅力所在。

图 1-15 德国队输球小猫咪

1.2 抖音的魅力在哪里

除了短视频流畅的体验感、内容持续的新鲜感，抖音独特的参与感和不断吸引玩家入驻成为“职业抖友”的潜在商业价值也是抖音不容忽视的魅力。短视频能够持续发热，不仅因为它是一种新的娱乐方式，更因为它是一种全新的媒体营销方式（图 1-16），能够带动庞大的移动互联网营销。

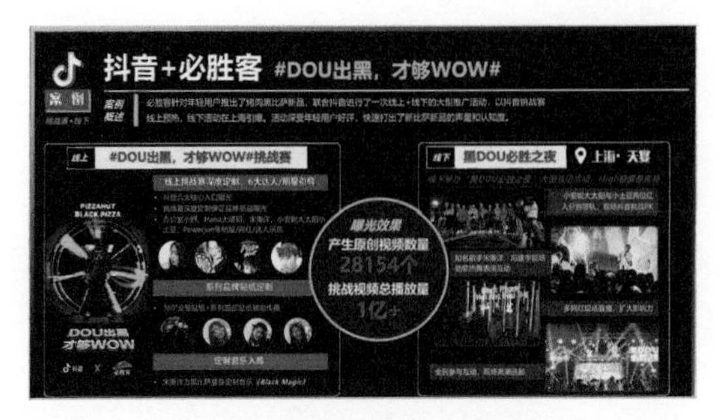

图 1-16 抖音强大的商业营销能力

1.2.1 席卷十亿用户的娱乐属性

营销的源泉在于流量，而短视频惊人的流量入口就是它独特的娱乐属性。如果去问资深“抖友”，“抖音为什么那么吸引人”，得到的答案并不会是好看，而是好玩。抖音等短视频App并不是一个提供视频供人观看的平台，也不是一个视频拍摄App，而是一个社区，一个娱乐互动社区（图 1-17）。抖音正在让看客与玩家合二为一，每个人既是观众又是表演者。

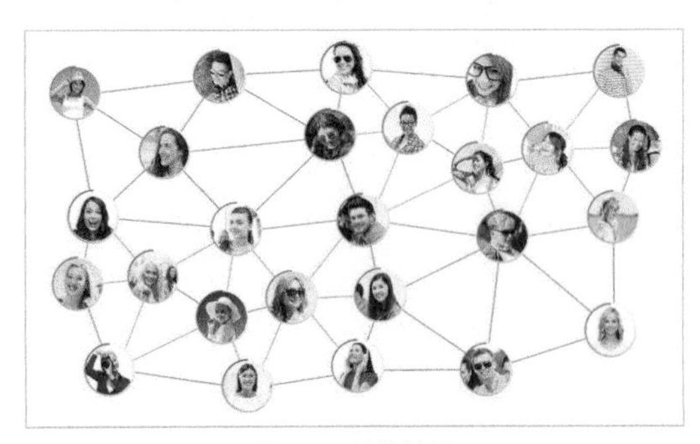
图 1-17 网络社区

1．展示自我

抖音等短视频App处于创业探索期的时候，就并非只是提供内容，而是让用户生产内容。因此，抖音最初的人群定位是有自我展示需求的创意“达人”。这些人的直接需求就是为了好玩，希望能更简单地拍摄出与众不同的视频，制作“魔性”MV，希望自己被认识、被关注。

因为这个阶段抖音本身的社交属性尚弱，所以团队致力于融入查找通信录、邀请QQ好友的功能，以快速形成“抖友”圈子。该功能上线后，抖音不再“孤军奋战”，“抖友”不需要通过抖音号重新建立自己的圈子，而是可以直接从已经存在的圈子中拉人（图 1-18），快速形成第一批关注。

2．愉悦自我

进入发展期后，面对用户数量暴涨，抖音开始寻求更新鲜的玩法，力求将吸附过来的粉丝留下来。团队开始在玩法上下功夫，除了在原有特效分类基础上增加滤镜、工具等效果模板，还增加了“尬舞机”等自娱自乐的新功能（图 1-19）。这是由于用户群体在度过“蜜月期”后不断成熟，一则需要新的刺激，二则开始注重愉悦自我而非“取悦”他人。

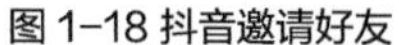
图 1-18 抖音邀请好友

图 1-19 抖音尬舞机

与此同时，抖音还上线了“附近”功能，添加“发现身边有趣人”的Slogan（标语、口号），既增加了“抖友”的曝光率，又引起了大众的好奇心。我们总是愿意去看看周围的人，因为在现实生活中的距离比较近，更能够产生共鸣。

3. 商机乍现

在2017年，直播已经形成了比较成熟的商业模式。抖音自然也不会放过这块“肥肉”，开始谨慎试水直播（图 1-20）。出于直播的负面影响（审核难度大）和对短视频模块的保护，目前抖音并没有把直播放在很重要的地位，虽然也有礼物赠送系统，但商城、弹幕聊天并不成熟。

与直播相同，用户在、流量在，商机自然就来了。在“玩腻”了抖音的各种功能后，要怎么样才能继续让“抖友”们乐此不疲呢？答案自然是能够从抖音获取除了娱乐外的价值，即娱乐+营销。在收入的刺激下，玩得好、有创意的“抖友”开始精心策划和录制一些为品牌、商家做推广的短视频（图 1-21）。有了合作方投入资金，策划、道具、拍摄开始团队化，视频内容质量也更高了。

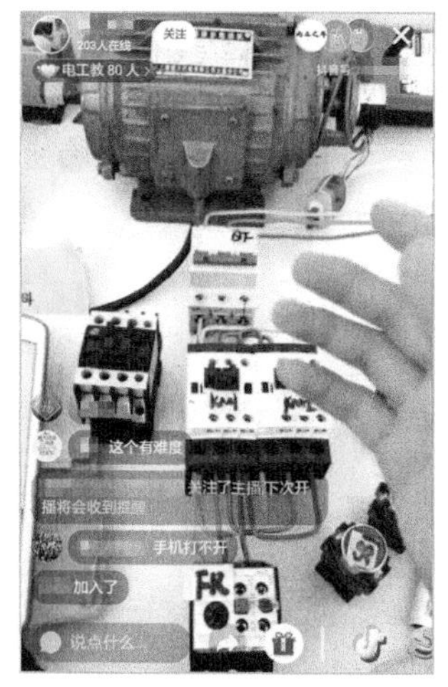

图 1-20 抖音直播

图 1-21 游戏广告

4. 原创文化

短视频模式注定了其对版权需要极度重视，使用到的音乐、视频片段等稍有不慎就可能被告侵权。抖音投入资金建立自己“抖音曲库”的同时，也用“原创标签”为原创音乐、视频的上传者正名。为了加强版权保护，抖音不停采取大动作，甚至不惜封禁大批账号（图 1-22）。

淘汰劣质用户，提高“抖友”质量后，抖音的下载量与使用量却不断攀高。“抖音小助手”更是活跃在“抖友”中间，发布一系列的正能量挑战与活动信息。2018年8月，抖音与多地文化部门合作推出传统文化、旅游开发的活动（图 1-23），短短几天获得了千万级点赞数和亿级播放量的巨大成功。

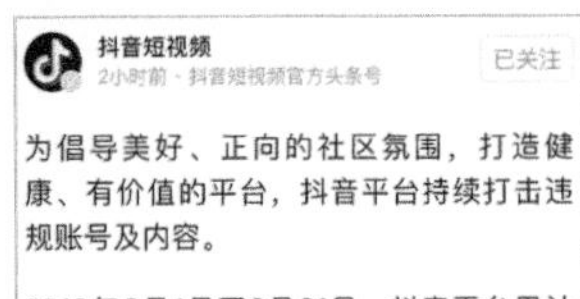

抖音短视频
2小时前 · 抖音短视频官方头条号
已关注

为倡导美好、正向的社区氛围，打造健康、有价值的平台，抖音平台持续打击违规账号及内容。

2018年8月1日至8月31日，抖音平台累计清理40385条视频，10528个音频，249个挑战，永久封禁46521个账号。

其中，抖音平台积极响应国家版权局与国家网信办、工信部、公安部等关于“剑网2018”专项行动号召，坚决打击侵犯版权行为，通过自查、用户举报等方式，共下架版权相关音频433个、视频3318个、重置用户资料1463个，永久封禁严重侵权用户3641个，封禁轻微侵权用户1986个。

图 1-22 抖音版权保护行动

图 1-23 抖音文化活动

归根结底，抖音能够在每个阶段保持自己独特的娱乐属性，增加新的内容，都要得益于创新精神。抖音团队为10亿用户提供好玩的内容，随着用户需求的变化而变化，紧追热点。看似短短2年的运营期，却是700多天的坚持，17000多小时的调整，所谓“台上一分钟，台下十年功”，正是如此。

【小抖知道】

抖音携手北京民族乐团、上海民族乐器一厂等文化机构，联合发起“国乐show计划”活动，鼓励音乐爱好者以“古音奏新曲”，传递中华古典音乐之美，传承中国传统器乐艺术。截至2018年9月，相关挑战赛视频累计播放量已经突破1亿。

1.2.2 手机短视频的品牌营销力

前面已经提到过抖音等短视频App因为引流效果好，成为网络营销的“风口”，那么，“抖友”在品牌营销中除了传播载体的角色，是否就没有其他的作用了？明星才是营销的重点？看着抖音封面的“男神/女神”，看着不断增加的认证企业账号，“抖友”们是否只能默默点赞呢？并不是。明星（或者说“达人”）营销只是抖音短视频营销中最直接和快速的一环（图 1-24），并不能代表全部。

接下来了解一下抖音究竟是如何做营销的，而“达人”、“抖友”、品牌商们又扮演了哪些角色。

图 1-24 抖音明星代言

1．培养“网红”

达人营销就是借助“网红”本身的粉丝流量向抖音转移，以达到扩充营销能力的效果。2017年底抖音还曾为抖音“网红”们举办了庆祝会（图 1-25），宣布将投入3亿美元的资金来帮助他们“涨粉”。

图 1-25 抖音“网红”节

这一举动，为抖音吸引了更多其他短视频平台，甚至直播平台“达人”的入驻，本就自带流量的他们为抖音增加了更多的人气。而另一方面，抖音斥资打造自己的“达人”，也向“草根抖友”们释放了一个信号，只要你有创意，只要你够实力，抖音愿意与你一起成长。“抖友”不仅是引流的节点，更是原创内容的生产基地，从大量的用户中脱颖而出，成为“抖友”玩营销的原动力。

2．品牌合作

酷炫的特效、好玩的创意、动感的舞蹈，再配上说唱、电音、二次元等元素，一支最具抖音风格的短视频就诞生了。品牌方看到这种内容形式的影响力和传播力，于是，原创音乐、以音乐为背景进行剧情演绎、对口形表演、手势舞，以及诸如《海草舞》的“魔性”舞蹈（图1-26），都成为内容营销的阵地。

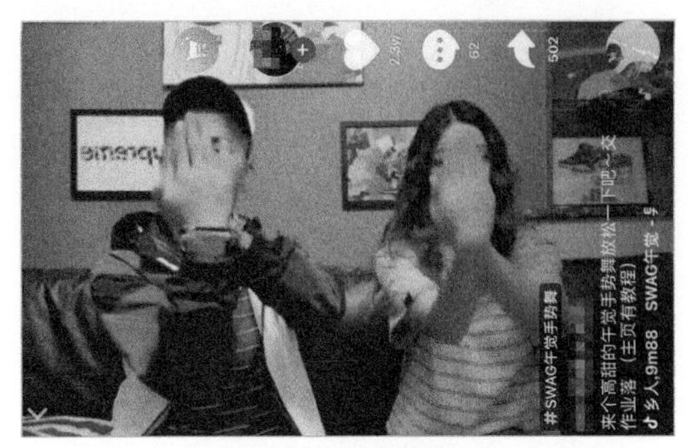

图 1-26 抖音手势舞

通常，品牌方会邀请抖音“达人”定制创意和品牌相符的舞蹈或者音乐，然后带动更多粉丝用户模仿，进而引发传播热潮。宝骏530汽车发布会上，微播易邀请的两位抖音“达人”通过发布车辆同名的“530”手势舞，结合运镜、转场等效果，再配合不同的音乐背景，传播和推广了发布会现场视频，仅发布会当天就获得了万级点赞数。

3. 自主运营

抖音火爆不仅吸引了个人，越来越多的品牌也开始入驻抖音，用短视频内容来进行互动。支付宝、京东、天猫、小米、滴滴、腾讯等不同行业的品牌已经开始了“抖音运营”（图1-27），甚至连传统企业都开通了他们的抖音号。

图 1-27 天猫&小米抖音号

品牌方根据自己的需求以及抖音平台的传播特性确定了不同的设定，支付宝在抖音上“卖萌”、小米通过抖音解锁各种新奇的玩法，而且他们还很爱在互动区与“抖友”交流（图1-28）。这种亲民又人性化的传播方式很受“抖友”喜欢。

例如，“环信超哥”入驻抖音，发布了一个英雄联盟S7全球总决赛的现场视频（图1-29），播放量已经超过300万次，点赞数超过20万。同时“环信超哥”抖音发布对于LOL

（《英雄联盟》简称LOL）玩家的首个“6300”付费英雄的回忆视频引起了粉丝的互动潮，播放量已经突破570万，对于其他“环信超哥”视频的阅读量带动也极为可观，给其他用户供了一些新的新媒体运营思路。

图 1-28 小米与粉丝互动

图 1-29 S7现场抖音视频

1.2.3 流量变现的商业价值

抖音的出现成就了许多人，这些“抖友”通过抖音平台，在短短几周时间内获得几百万的粉丝关注。那么，他们又是如何通过流量变现赚钱的呢?

1. 广告变现

广告是最直接也是最普遍的变现方式，如 “喵大仙”，她的视频内容性、故事性都很强，在变现模式上类似电影的植入式广告。在她的视频中不难看到唯品会、百事、美黛拉等品牌的植入，植入手法很巧妙，对剧情几乎没有伤害，每条视频的平均点赞数量都保持在10万以上，评论数量少则几千多则上万。对于品牌方来说，这样的广告形式相比“硬广”的效果更好。

例如，美宝莲新品发布会除了邀请影视明星外，还邀请了50个视频“达人”出席。他们通过直播发布会现场盛况，为品牌做广告获得报酬，而品牌方依靠他们的人气和影响力达到了宣传效果。

2. 作品变现

众所周知，抖音能成为“爆款”App，主要是它的创意拍摄形式和社交属性，因此“颜值+创意”作品是最好的“吸粉”条件。成为抖音“达人”后完全可以在作品中加入自己经营的产品元素，如通过抖音宣传自己的店铺或者产品，这也是众多“达人”正在做的事，能间接地带来收益。

3. 平台签约

有些特别火爆的“达人”，能够被一些视频公司看中并签约，如“爆红”的“代古拉k”是沈阳化工大学的一名大四学生。这种幸运不是个例，抖音红利正在大量释放，通过几个“爆款”

内容从“素人”或“小V”迅速变成全网皆知的“大V”的例子不在少数。1600万粉丝的“费启鸣”、1000万粉丝的“张欣尧”、700万粉丝的“吴佳煜”、380万粉丝的“itzGennyB”等，入驻抖音的时间都只有半年到1年之间。

【小抖知道】

抖音短视频App的广告是放在今日头条广告后台上的，收费模式、价格及广告精准定向跟今日头条是统一的，只需要开通今日头条广告，在广告后台自己设置投放就行。

【达人故事】抖音带火线下店

短短一个星期，“海底捞番茄牛肉饭”已经成为到店顾客的一个接头暗号。原来，一个抖音视频在网上广为流传，一位网友展示了自己的独特吃法，在海底捞点一碗米饭，配上料台上的牛肉粒和火锅番茄底料，3块钱就得到了一碗美味的牛肉饭，此吃法走红后成为最近海底捞就餐标配。“焦糖奶茶+青稞+布丁+少冰+无糖”短视频里，一个“抖友”手捧Coco奶茶介绍“网红奶茶”的隐藏配方。这个短视频获得了20多万点赞量，也引发了连锁反应，致使全国各地网友蜂拥至Coco门店购买。

图 1-30 “答案”奶茶店因抖音“爆红”

中原基地的一个名不见经传的奶茶品牌“答案”忽然门店销售火爆（图 1-30），其店铺位置在万达金街上，排队买奶茶的队伍从早到晚一眼望不到头。一天之内，就有4个人分别来问“这个答案奶茶是怎么回事，能加盟吗？是不是雇人排队了”。负责人之一谷先生否认了雇人排队的说法，并表示品牌的创新点之一在于独特的模式，开业以来一直在尝试进行抖音营销。

第2章 进入抖音

从A.me成为抖音，其团队改变的不仅是名称，更是运营定位——年轻人的音乐短视频社区。抖音能在如雨后春笋般出现的短视频App中占据如今的地位，其社交平台的属性和玩法是功不可没的。因此，“抖友”们如果只是把抖音当做一款音乐短视频App来玩，是很难体验到其真正的魅力的。

抖音的玩法入门相当简单，但想真正将其玩透、玩好，还需要充分了解抖音的注册机制、基础设置等方面的内容。尤其是对于不甘心只当一个看客，而想成为一名玩家，甚至想通过抖音做营销、推广的新媒体人和电商团体来说，如何“榨干”抖音的价值是需要深入研究的。

下面从抖音的基础玩法开始，详细介绍怎样成为一名合格的“抖友”。

2.1 下载注册玩起来

视频类App往往是极消耗网络流量（图 2-1）和手机存储空间的，“抖友”们在正式“打卡上岗”之前需要有充分的准备，以免初次体验就让自己“追悔莫及”。而已经完成初次体验的“抖友”们，可能大多数是处于“懵圈”状态的。不像其他App“首页→分类→详情页→播放”的套路，抖音上来就直接是“硬菜”，如果不想处于尴尬状态，可以提前进行了解。

图 2-1 视频App是流量“杀手”

2.1.1 流量预警：视频应用消耗很大

刷过微博、玩过B站的网友都知道，App联网后会根据信息流（包含文字、图片、视频等）的大小产生流量并计费。由于涉及费用问题，绝大多数App都会将长图、高清图、动图、视频等流量消耗较大的元素以缩略图（图 2-2）的形式展示出来，由用户自己决定是否完整下载或打开。

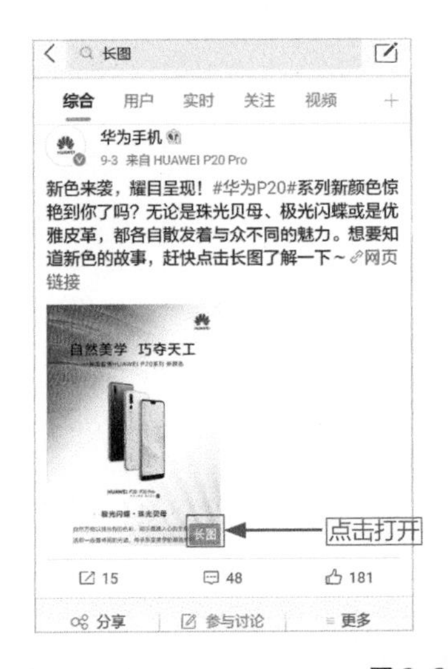

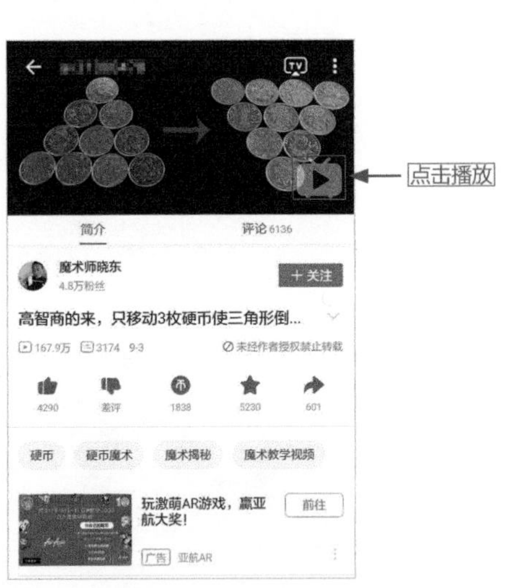

图 2-2 缩略图

根据中国移动的流量测试报告，在正常使用4G网络的前提下，查看20条微博（不点开图片）约消耗流量1MB，在线观看视频1分钟约消耗流量4.6MB。一个微博达人仅刷微博一项，平均每天碎片时间累积可消耗至少1GB以上流量，很容易将自己的流量套餐消耗殆尽。

虽然抖音为了将快节奏、碎片化发挥到极致，把绝大部分视频的时长上限定为15秒，单个视频流量消耗并不会太大。但同时也为了操作体验，抖音采用切换与播放指令同步（切换到新的视频立即打开）的方式，节奏极快，“抖友”们往往会在不经意间“挥霍”流量。有网友用抓包工具（一种截取数据包的软件）测试iPhone7 Plus刷抖音视频的流量消耗，取平均值后统计如下。

1. 一个短视频需要5MB左右的流量。
2. 一部手机的带宽占用在3Mbit/s到6Mbit/s。
3. 如果10秒看一个视频，1小时共看360个视频，总流量需要1.8GB。
4. 一台手机占用带宽5Mbit/s，专线100MB的话，只可以供20台手机使用。

我们刷抖音短视频往往是在上下班的路上或午休时间，通常处于移动状态，很难保证随时有无线网络可以使用。所以盲目地去下载及使用抖音App看视频，要比我们惯性思维中下载和使用微信等的流量消耗多数倍。但当下各种流量套餐以及不限流量套餐的出现，也较好的弥补了这一“缺憾”。

不过，初次下载及体验，最好还是在有Wi-Fi（无线网络）的环境下（图 2-3），或者剩余流量充足并在设置了流量报警的情况下（图 2-4）进行，以免产生不必要的费用。

图 2-3 Wi-Fi链接

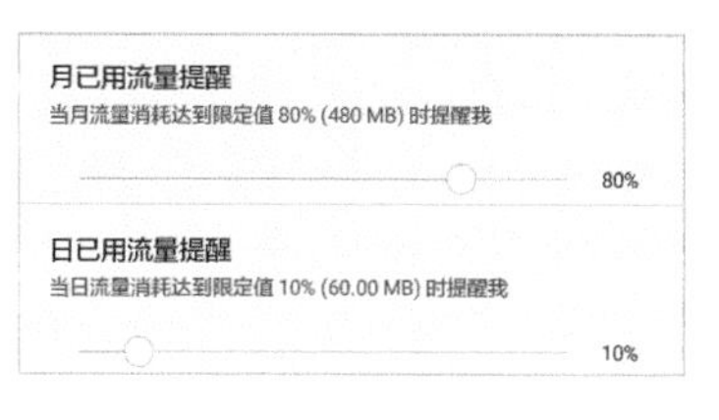

图 2-4 流量提醒

【小抖知道】

抖音具有实名认证功能，在抖音里进行了实名认证之后，最大的好处就是提高了账号的安全性，不用担心账号被盗，就算被盗了也可以通过客服及时找回，想保护账号安全的朋友可以试试实名认证。而且对于想要开通抖音直播的朋友来说，实名认证也是必不可少的一步，毕竟抖音官方要进行管理，实名认证是不可缺少的一环。不过一般用户，只观看视频的话，是否进行实名认证对观看并没有什么影响。

2.1.2 安装软件：应用商店搜索下载

解除了流量的后顾之忧，准“抖友”们就可以放心探索抖音这个新事物了。受益于抖音目前的火爆程度，我们很多时候并不需要去刻意搜索，打开软件商城（每款手机叫法不同）几乎都能在首页推荐上看到抖音App下载，只有少数情况下无法在首页找到。

使用Android系统的准“抖友”们可以根据以下步骤搜索下载。

步骤01 进入“应用市场”，在页面顶部“搜索栏”输入“抖音”，弹出结果“抖音短视频”（图 2-5）；或者在页面相应分类中找到App（图 2-6），进入详情页点击“安装”按钮（图 2-7）。

图 2-5 搜索应用1

图 2-6 搜索应用2

图 2-7 开始安装

步骤 02 在弹出的对话框中选择“允许”（图 2-8），即可开始下载。

步骤 03 通过“进度条”观测下载进度，当跳转为“安装中”后下载完成并自动开始安装（图 2-9）。等待15秒左右，即可在手机桌面看到“抖音短视频”App图标（图 2-10），完成安装。

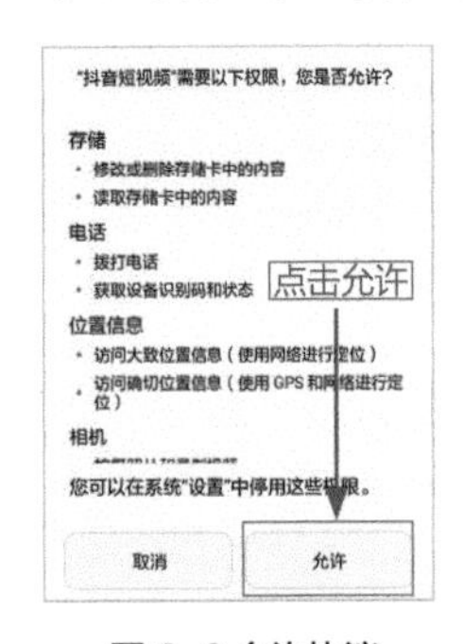

图 2-8 允许协议

图 2-9 等待安装

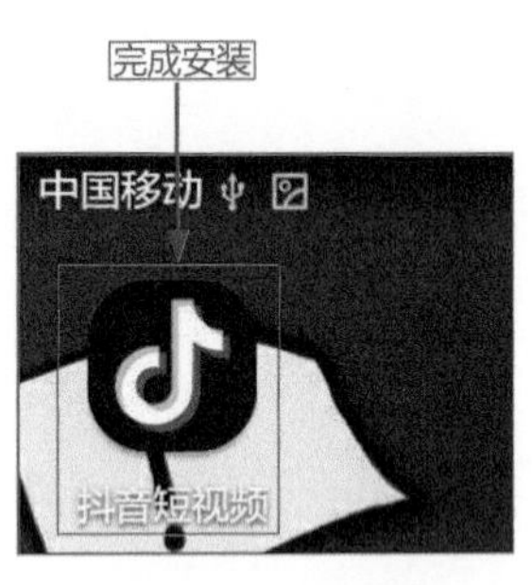

图 2-10 完成安装

使用iOS系统的准“抖友”们则可以按照以下步骤进行操作。

步骤 01 在桌面找到并点击进入“App Store”，在底部菜单点击“搜索”按钮（图 2-11）。请注意在iOS系统中使用“App Store”需要“Apple ID”登录。

步骤 02 弹出“搜索”界面后在搜索栏输入“抖音”进入应用详情页面，点击“获取”按钮开始下载，当下载完成后出现“安装”按钮，点击即可完成安装（图 2-12）。

图 2-11 搜索应用

图 2-12 下载安装

完成App的安装后，准“抖友”们先不要着急体验。抖音与其他App一样，在运行的过程中需要获取各类权限，例如，推荐好友要获取“通信录”，拍摄视频要获取前后“摄像头”使用权限等。如果在使用过程中不停地弹出，一是会破坏使用体验；二是可能操作失误，使得原本应该同意获取的权限被禁止，导致抖音拍摄等功能无法正常使用。

最为稳妥的就是在正式体验之前将需要的权限设置好，Android系统的手机设置方法如下。

步骤 01 在手机“全部设置”界面中找到“隐私与安全”一栏，点击“权限管理”选项（图 2-13）。

步骤 02 在弹出页面的应用栏中点击“抖音短视频”按钮进入其权限设置页面（图 2-14）。

图 2-13 进入权限管理

图 2-14 进入抖音权限

步骤 03 在页面“隐私数据”栏中找到“读取联系人”（此时状态为提示，即在需要使用到该权限的时候会提示使用者选择“允许”或“拒绝”），点击进入选择页面（图 2-15）。

图 2-15 读取联系人权限

步骤 04 在“读取联系人”权限窗口中点击选择允许（图 2-16），即可完成设置。使用同样的方法将“调用摄像头”和“启用录音”的权限设置为允许状态（图 2-17）。此三项可满足抖音所需的基本功能。

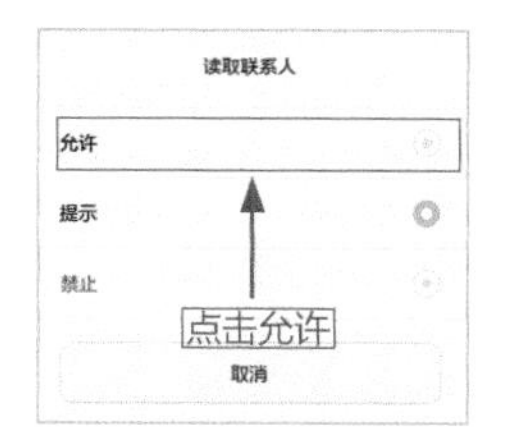

图 2-16 允许“读取联系人”

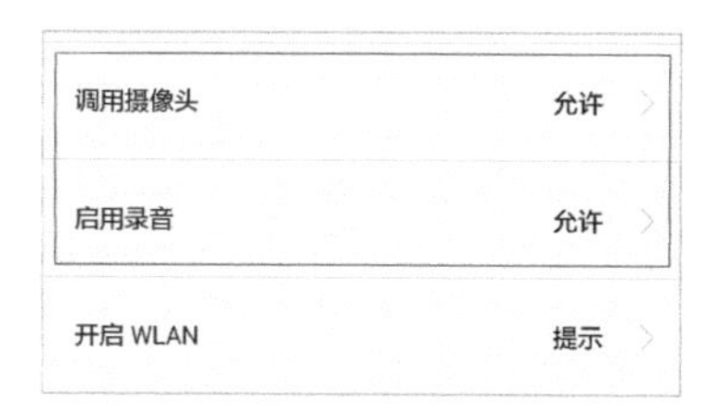

图 2-17 允许读取其他权限

步骤 05 需要注意的是“开启WLAN”权限，如果允许，则可在没有Wi-Fi的前提下，自动转为4G网络，准“抖友”们可以根据自己的需求和实际情况进行设置。

而iOS的设置则较为麻烦，因为iOS系统不会在抖音App尚未调用摄像头、麦克风等权限的情况下主动去捕捉权限需求，只能在抖音App用到相关功能后才会响应和进行设置（图 2-18）。打开抖音后会提示“发送通知”，包含提醒、声音、网络等；拍摄视频也会有关于“麦克风”和“相机”的提示，根据需求选择“拒绝”和“允许”。而未调用的诸如“位置服务”和“通信录”等则无法设置。

图 2-18 仅显示已调用的权限

激活后的权限如何开关呢？方法如下。

步骤 01 在iOS系统的“设置”界面中找到并点击“隐私”栏。跳转到“隐私”设置界面，可以找到“定位服务”“通信录”“麦克风”和“相机”等（图 2-19）。

步骤 02 点击“麦克风”按钮，进入设置页面可以看到“抖音短视频”，点击“白色”按钮，当按钮变为“绿色”，则成功授权抖音调用本机麦克风（图 2-20）。用同样的方法，可将“相机”授权。如果要关闭，则再次点击“绿色”按钮，将其变为“白色”即可。

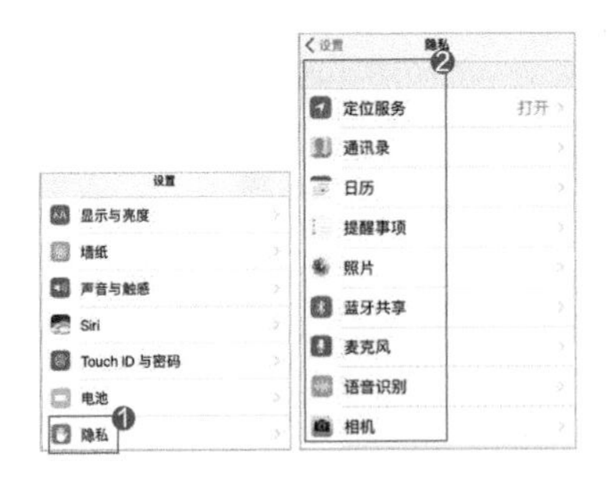

图 2-19 进入“隐私”界面

图 2-20 设置权限

【小抖知道】

自短视频进入大众的视线后，以抖音为首的短视频App迅速风靡大江南北，深受男女老少的喜爱。然而，短视频内容良莠不齐，有些内容和功能并不适合青少年用户观看和使用。2018年7月26日，抖音宣布启动“向日葵计划”，这也是国内短视频平台中第一个关注未成年人健康成长的系统保护计划。

升级后，抖音进一步优化观看限制功能。若开启青少年模式，用户则无法使用直播、充值、打赏、提现等功能。除了青少年模式以外，为了更好地保护用户的权益，抖音还将对敏感账户充值消费进行实名验证，并全额退还未经家长同意的未成年人充值。

2.1.3 初次登录：选择手机短信验证

完成权限设置后，就可以点击桌面“抖音短视频”图标进入抖音App正式开始使用了。之前已经提到过，在进入抖音后，软件开始直接播放推荐视频，我们已经可以“愉快玩耍”了。然而到这里为止，并不算是真正入门，如果不进行注册登录，大部分的功能我们是无法使用到的。那么，如何从准“抖友”转正呢？接下来的步骤相当关键。

步骤 01 进入“推荐”页虽可观看视频（图 2-21），但点击下方的“菜单”时会跳转到“登录”界面（图 2-22）。

图 2-21 抖音“推荐”页

图 2-22 抖音“登录”界面

步骤 02 在登录界面“号码”栏输入自己的手机号码并点击“获取验证码”（图 2-23），界面提示“60s”内输入验证码（图 2-24），等待短信即可。注意：手机号码最好为身份证注册的常用或专用号码。

图 2-23 抖音“推荐”页

图 2-24 等待验证码送达

步骤 03 收到短信后，将验证码填入“短信验证码”一栏并单击下方的“对钩”按钮 ✓ 完成登录（图 2-25）。注意短信中提示“5分钟内有效”，但实际需要在读秒完成前输入。

步骤 04 若60秒内未输入成功或出现号码、验证码错误，则会登录失败。此时只需要确认号码正确后点击“重新发送”即可（图 2-26），若依然无法登录可点击“登录遇到问题？”并查询解决办法（图 2-27）。

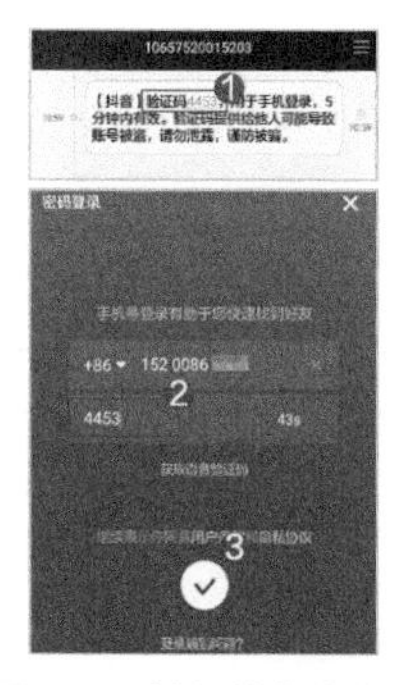

图 2-25 输入并完成登录

图 2-26 无法登录的处理1

图 2-27 无法登录的处理2

除此之外，在“登录”界面还提供了其他4种方式，即头条号、QQ、微信和微博登录。以微信登录为例，只需要点击相应图标获取权限并“确认登录”即可（图 2-28）。但值得一提的是，抖音依然会提示我们是否需要绑定手机号码（图 2-29），看来官方是比较认可手机登录的

（信息真实度高）。

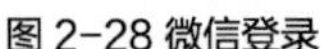

图 2-28 微信登录　　图 2-29 提示绑定

【小抖知道】

在抖音“登录”界面中，点击“用户条款”和“隐私协议”可查看安全信息，具体位置见图2–26。希望“抖友”们能够仔细阅读，尤其是想要以抖音短视频盈利的“抖友”。

其中“用户条款”共14条，分别为：1.适用范围；2.相关服务；3.关于账号；4.用户个人信息保护；5.用户行为规范；6.数据使用规范；7.违约处理；8.服务变更、中断；9.广告；10.知识产权；11.免责声明；12.特殊规定；13.未成年条款；14.其他。

“隐私政策”则为9条，分别为：1.适用范围；2.个人信息可能收集的范围与方式；3.个人信息可能的使用方式；4.个人信息安全与储存；5.个人信息的管理；6.未成年信息保护；7.变更；8.争议解决；9.其他。若受到侵权，请根据相关内容的指导进行处理。

2.1.4 完善资料：个人信息慎重填写

完成以手机号码登录的验证后，界面会弹回到“首页”继续播放视频，而“菜单”栏中的其他选项也都可以打开了。为了能够提升体验感（抖音会根据信息调整推荐）和更好地玩转这款App，我们还是先来完成个人信息的填写，在信息填写的过程中可能会遇到以下两种情况。

1. 注册中完善

在部分版本中，完成手机验证步骤后会直接提示完善头像等关键信息。

步骤 01 在“完善资料”界面中，有“昵称”等4个栏目。“昵称”可手动输入20个字符（含汉字、符号、非汉字符号等）；“生日”和“性别”则通过点击相应栏目并在弹出的窗口中滑动找到需要的信息；设置头像部分可点击进入相册选择图片（图 2-30）。

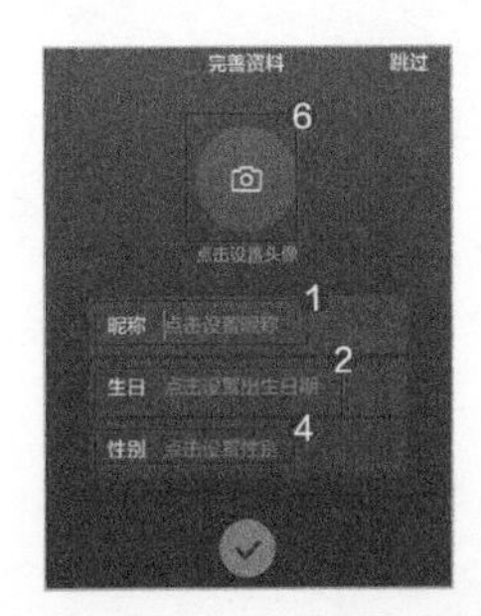

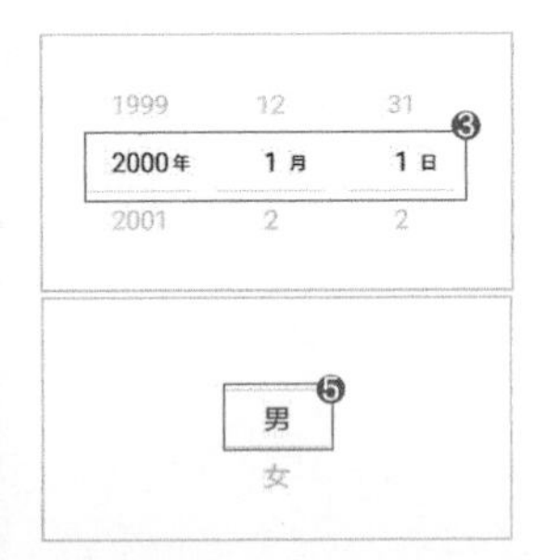

图 2-30 直接设置资料

步骤 02 完成设置后，待“完善资料”界面底部“对钩”按钮变为白色 即可跳转到首页。值得一提的是，此处可以设置的资料并不完善，进入使用后可以设置更多。为避免多次设置，可直接点击界面右上角的“跳过”按钮跳过进入首页。

2. 注册后完善

若准“抖友”们在完成验证后并未出现“完善资料”的界面，或想要一次性完成设置，也可以在注册后进入抖音界面进行完善。

步骤 01 进入抖音使用界面后，在底部找到菜单选项“我”，点击进入“用户主页”（图 2-31）。

图 2-31 点击“我”进入主页

步骤 02 在“用户主页”中，可以看到抖音默认的头像、用户名、抖音号等各类信息。点击页面上方悬浮窗口中的“完善资料”按钮，即可进入“个人资料”页，其中包括“昵称”等8个可操作项（图 2-32）。

图 2-32 进入“个人资料”页面

步骤 03 点击“点击更换头像”图标，可在弹出的窗口中选择“从相册选择”或“拍照”（图 2-33）。其中“拍照”所关联的为手机自带的相机软件，可后期美化的余地较小，不建议选择。

步骤 04 “从相册选择”可跳转到手机相册，选择自己准备好的任意图片（图 2-34），建议为本人照片或其他能给人留下印象的个性图片。

图 2-33 进入相册

图 2-34 选择图片

步骤 05 选择图片后可进入图片详情，再次确认并点击“对钩”按钮，完成选择，进入“修剪照片”页面（图2-35）。

图 2-35 确认选择图片

步骤 06 在页面中用双指拖动进行缩放，将图片核心部位拖到明亮的圆圈中（此部位即头像展示部位），点击“对钩”按钮完成。图片完成上传后会在“个人资料”中显示更新（图 2-36）。

图 2-36 修剪并上传头像

步骤 07 接下来进行昵称设置，点击“昵称”一栏进入设置页面，点击并删除“用户994570”字样，并按照要求输入自己想要的名称，如“麓山小抖”，点击“保存”按钮完成设置（图 2-37）。

步骤 08 用同样的方法修改抖音号，如“lushanbook”（图 2-38），抖音号只能修改一次，务必慎重考虑。

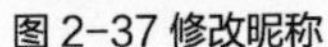

图 2-37 修改昵称

图 2-38 修改抖音号

步骤 09 性别与生日的设置无需单独打开页面，同注册中完善的步骤大同小异，值得一提的是，此处可将性别设置为“不显示”，这对团体或公司运营的抖音号是颇为有用的，而生日也可以设置为团体或公司成立的日期，如2008年1月1日（图 2-39），设置完成后无需单独保存。

图 2-39 性别及生日设置

步骤 10 位置的设置有两种方法。其一为直接定位到当前城市；其二为手动定位，适合当前并不在想要选择城市的“抖友”。点击“其他地区”中的栏目，如“中国”；打开省份，选择定位省份，如“湖南”；进入城市界面，点击所需城市，如“长沙”，即可完成设置，弹回“个人资料”页面（图 2-40）。

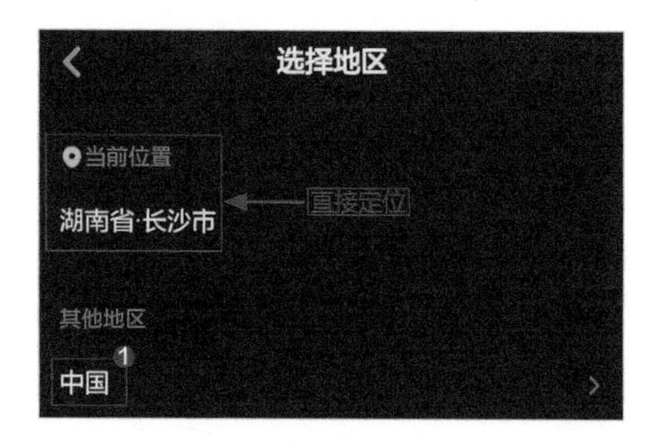

图 2-40 选择地区

步骤 11 设置学校。点击“学校”一栏进入“添加学校”界面，在搜索栏输入院校，如“湖南大学”并显示搜索结果。点击结果进入详情页面，分别点击设置“院系”和“入学时间”，完成设置（图 2-41）。

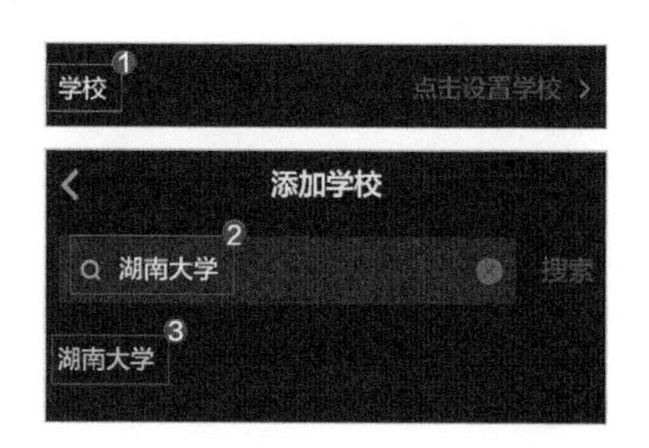

图 2-41 设置学校

步骤 12 设置个性签名。点击“签名”一栏进入“修改签名”页面，输入自己想要的签名，如“为读者提供价值”，点击“保存”按钮完成设置（图2-42）。

签名 ① 填写个性签名更容易获得别人关注哦 >

图 2-42 修改签名

步骤 13 检查并确认所有信息无误后，点击“个人信息”页面右上角的“保存”按钮保存完成。若未保存，系统会予以提示“是否放弃保存”，放弃可以重新设置。完成设置后需要等待官方审核，时间为几分钟到几小时不等（如无敏感问题，一般几分钟就可以通过）。

【小抖知道】

个人信息的设置并不是一成不变的，个人与团体或企业账号区别较大。

首先是个人，应当尽量突出个性和娱乐需求。例如，位置最好选择自己当前所在位置，系统能够更精准地推送身边的“抖友”视频；年龄、性别、学校信息等，也会关系到被推送到的视频分类。

然后是团体或企业，需要更加注重商业属性。因此其位置可以是目前主要经营和拓展的地区；个性签名需要更多地展示品牌风貌和经营范围等；而性别、学校等则可以选择不填。

最后值得一提的是，所有“个人信息”并非必须填写，但却可以更好地展示自己。尤其是抖音号，作为以后被搜索到的关键，需要谨慎设置。若需要更换，可通过“账号与安全”→“抖音安全中心”→“注销账号”，按照要求操作。但要注意，更换抖音号后，之前累积的所有资源和信息会清零。

2.1.5 初试抖音：轻松一滑看你所想

完成一系列的“考核”之后，我们终于成为真正的“抖友”。再次回到“首页”，就可以开始畅玩抖音短视频了。俗话说“熟读唐诗三百首，不会作诗也会吟”，在正式开始拍摄属于自己的第一个短视频之前，我们不妨多看一看别人的创意与玩法（图 2-43），这里有美食、萌宠，还有更多的亮点等着我们去探索。

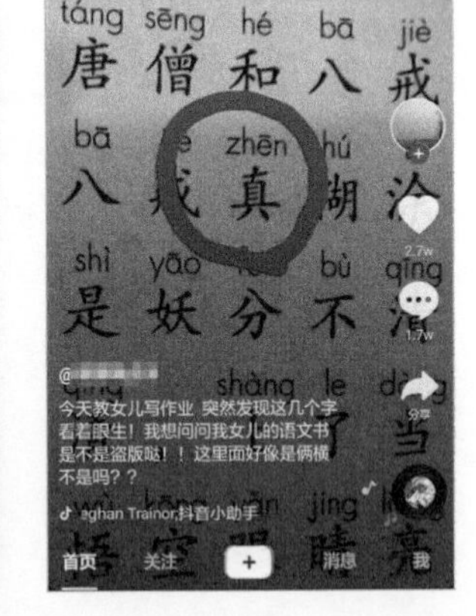

图 2-43 形形色色的创意短视频

在抖音短视频的首页，如果不做任何操作，会循环播放目前推荐的短视频。虽然抖音并不存在“播放/暂停”按钮，但是可以通过轻触屏幕空白处暂停当前播放的短视频（图 2-44），而再次轻触可以继续播放。这是一种为了增加视频播/切流畅度的聪明设置。

那么该如何像我们看到的其他“抖友”一样不停地“刷刷刷”呢？抖音首页的基本操作是通过对屏幕空白处的滑动来实现的，只需指尖轻轻一动，就能实现多种功能。

1. 向上，切换视频

前面就提到过，与其他的视频App不同，抖音短视频并不存在播放和切换键。视频采用滑动屏幕的方式无缝切换播放。我们只需要用手指按住当前视频窗口空白处向上滑动（图 2-45），就可以滚动播放下一个视频。这种滚动播放不需要把当前的视频看完才能执行，只要我们愿意，随时可以切换。

图 2-44 轻触播放/暂停

图 2-45 滑动切换

2. 向下，回看刷新

资深“抖友”都有自己的兴趣范围及具备一定的审美能力，遇到自己不喜欢或不好的视频，就会“秒刷”下一个，而经常为了找到一个好玩新奇的视频，我们会不停地让自己的手指做着向上滑动的机械运动，这样就很容易错过一些精彩的视频了。不要紧，这时只需要向下滑动，就可以将上一个视频找回来。

而当我们滑动一段时间，发现没什么比较喜欢的视频，就没必要继续“执着”下去了。点击屏幕顶端的“推荐”按钮可以回到第一个视频，这时候我们再向下滑动，则可以更换一批推荐了（图2-46）。

3. 向左，进入主页

“好看的皮囊千篇一律，有趣的灵魂万里挑一”这是我们经常能听到的一句话，要是真的遇到一个精彩的短视频，那么这个视频作者是什么人？他还有没有其他同类视频或者系列？如果有“抖友”存在这样的疑问，不妨轻轻向左一滑，就可以进入作者的个人主页（图 2-47）。

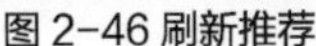
图 2-46 刷新推荐　　　　图 2-47 作者主页

在这里，我们可以看到作者的相关信息，以及他所有的视频，甚至可以了解他的喜好、人气等。还可以与作者互动，这才是抖音的核心玩法——社交。

4. 向右，精准搜索

抖音短视频基数极大，而且每天都在不停地增加，因此很有可能会出现长时间无法找到自己喜欢的视频的情况。为了避免浪费时间，我们还可以主动搜索。把屏幕向右滑动之后，会切换到“搜索”页面（图 2-48）。

步骤 01 在“搜索栏”中输入关键词，如“萌宠”，并点击搜索，即可出现结果（图 2-49）。

图 2-48 搜索页面　　　　图 2-49 搜索关键词

步骤 02 搜索结果默认为“综合”，第一栏推荐的是包含关键词的用户。点击“搜索栏”下方的“视频”按钮则可以切换显示的结果（图 2-50）。

步骤 03 点击选择自己喜欢的视频后，会跳转到播放页面（此处与首页播放界面有所不同）。点击屏幕左上角的返回按钮（图 2-51），可再次返回选择列表。

图 2-50 显示结果

图 2-51 播放与返回

【小抖知道】

关于详细信息展示是否会被转移或被披露给第三方，抖音官方承诺，除以下情况均不会发生。

（1）事先获得您的明确授权；您分享的信息；根据有关的法律法规规定或按照司法、行政等国家机关的要求；出于分享提供服务所必需的个人信息。

（2）以维护公共利益或学术研究为目的；为维护抖音其他用户、公司及其关联公司的合法权益；公司为维护合法权益而向用户提起诉讼或仲裁；在涉及合并、分立、收购、资产转让或类似的交易时。

【"抖友"分享】视频缓存随手清

抖音App目前并没有自动清理缓存或设置缓存上限的功能，所以需要“抖友”手动清理，否则时间一长会影响到手机的使用（例如卡顿）。清理缓存方法很简单（图 2-52），首先，在“我”页面中点击右上角的“菜单”按钮 ••• 进入“设置”。然后，在“设置”页面滑动屏幕至最下端，找到“清理缓存”选项。最后，点击“清理缓存”选项，在弹出的窗口中点击“清理”按钮，稍后即可完成缓存清理。

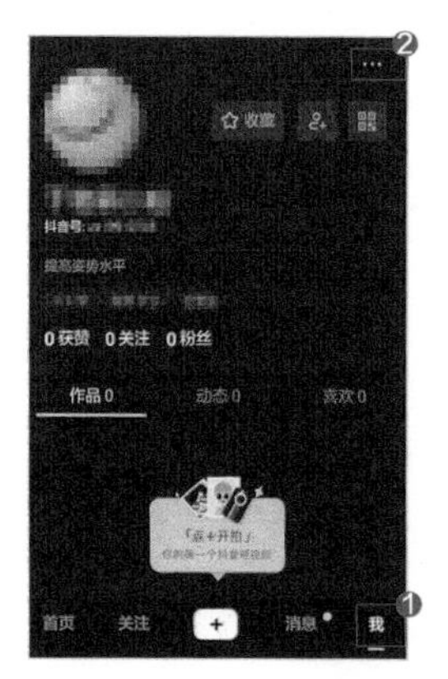

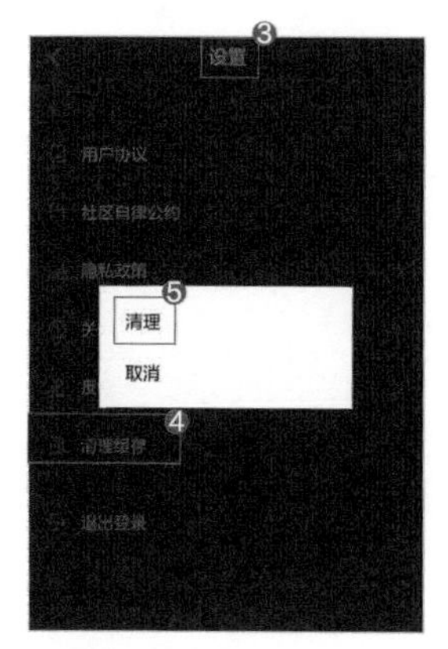

图 2-52 清理缓存

2.2 安全设置很重要

首次畅玩之后，会有“抖友”提出这样的疑问，“我每次登录都需要验证一次吗？”“要是拿来做运营的话，我的账号是否安全呢？”仅仅用一个动态验证来确保安全，确实显得分量有些不够。那么我们应该如何加强账号的安全程度，让自己以后的努力成果和收入不会丢失呢？利用手机安全软件进行定期扫描和病毒查杀是有效的手段之一（图 2-53）。此外，抖音也有自己的一套“安保系统”。

图 2-53 手机安全扫描与病毒查杀

2.2.1 抖音密码：固定设置免发短信

第一个需要解决的就是登录安全问题，如果一直使用短信验证登录，会带来两个比较头痛的问题：其一，非本机登录或异地登录麻烦；其二，出现网络或信号延迟无法在规定时间内完成登录。无论是哪种情况都有可能导致登录异常，甚至因为反复登录失败而被封号。

接下来看一看如何为自己的抖音账号设置固有密码。

步骤 01 打开抖音短视频App后，在“我”页面中点击右上角的“菜单”按钮 ●●● ，进入“设置”页面。找到并点击“账号与安全”一栏（图 2-54），打开新的页面。

步骤 02 打开“账号与安全”页面后可以看到此时“抖音密码”为“未设置”，点击该栏（图 2-55），即可进行密码设置。

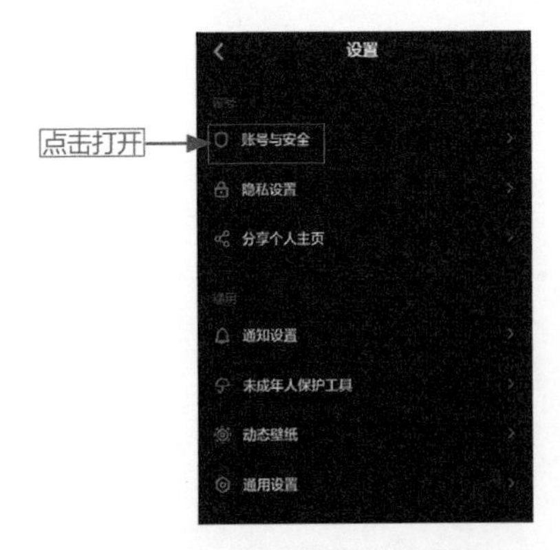

图 2-54 账号与安全

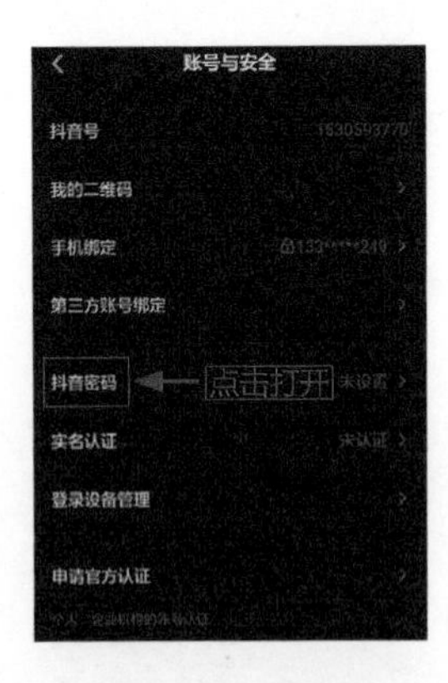

图 2-55 抖音密码

步骤 03 进入密码设置页面后，按照提示要求在“密码”一栏中输入登录密码（图 2-56）。注意，为了提高安全度，登录密码至少需要8位，且需要字母/数字/符号中任意2种及以上结合，如123456AB（在实际输入中切勿使用简单的连号，容易被破解，可以用具有特殊意义的数字与字母）。

步骤 04 完成输入并确认后，为确保为本人操作，系统会发送短信验证码，在60秒内将收到的验证码填入相应位置，并点击下方的“对钩”按钮完成设置（图 2-57）。

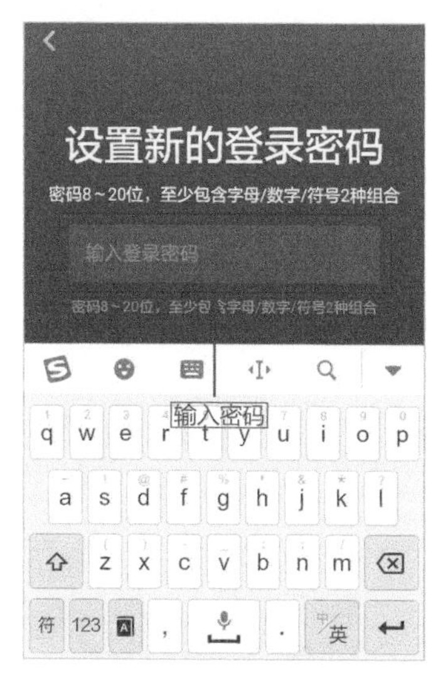

图 2-56 输入密码

【抖音】验证码9383，用于更改密码，5分钟内有效。验证码提供给他人可能导致账号被盗，请勿泄露，谨防被骗。

复制验证码

修改登录密码

输入当前绑定手机133*****249收到的4位验证码

9383

图 2-57 验证并完成

步骤 05 完成设置后，系统跳转到“账号与安全”页面，再查看“抖音密码”显示为“已设置”，若要修改密码，只需要重复以上步骤即可。另外，绑定的号码此时会收到修改密码提示（图 2-58），若非本人进行操作而收到提示，应立即申诉找回，以免产生损失。

步骤 06 再次登录抖音时，只需要在登录页面中点击左上角的“密码登录”按钮，输入相应的手机号码与账号密码，并点击下方的“对钩”按钮，即可完成操作（图 2-59）。

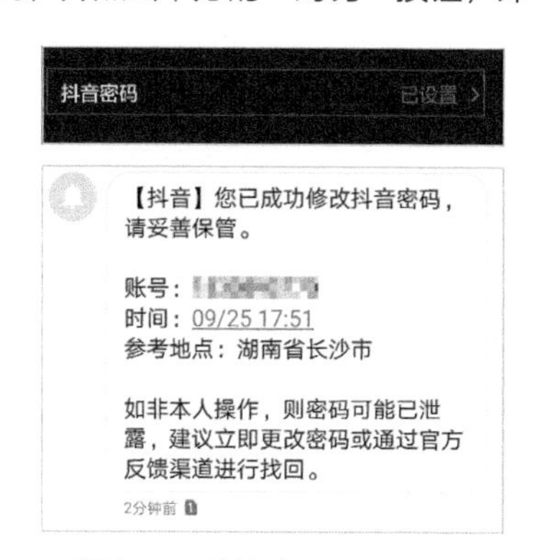

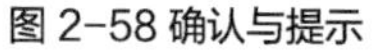
图 2-58 确认与提示

图 2-59 密码登录

如果留心观察，“抖友”们不难发现，抖音的密码设置没有再次确认的选项，而且没有显示密码的功能，因此在设置密码的过程中需要谨慎小心，以防密码输入错误，导致无法登录。如果出现这样的情况，一般有两种解决方法，一是再次使用短信验证码登录，重复以上步骤重新设置密码，二是点击密码登录页面中的“找回密码”按钮找回密码，根据以下步骤进行操作。

步骤 01 点击“找回密码”后，系统将向绑定的号码发送验证信息，用于更改密码（图 2-60）。

步骤 02 获取验证码后，填入“输入短信验证码”一栏，认证通过后即可输入新密码，并点击“箭头”按钮确认修改完成（图 2-61），此后即可使用新密码登录。

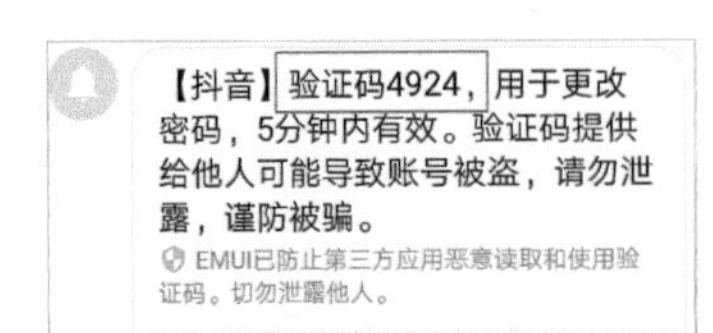

图 2-60 接收验证码

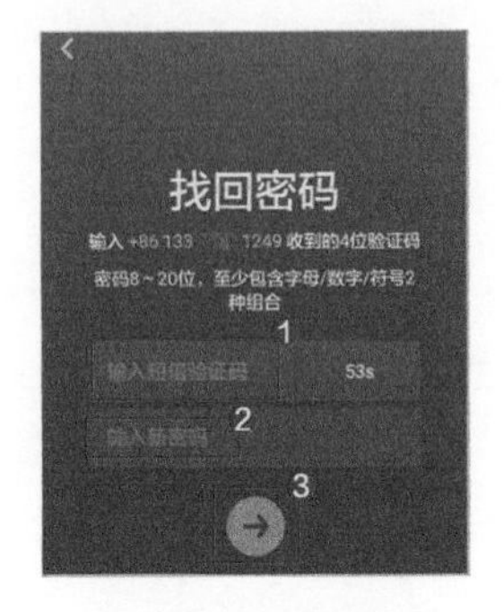

图 2-61 更改密码

修改密码后，依旧会有提示修改的信息发送至手机，确认是否为本人操作。若在未经本人操作的情况下登录会留下记录。账号所有的记录会存在“登录设备管理”中，除了目前登录的手机（即本机），其他设备均可以做删除处理（图 2-62），被删除的设备需要身份验证后才能登录。

图 2-62 移除异地登录

【小抖知道】

关于账号与登录，“抖友”们需要了解几条关键信息。

（1）您在“抖音”中注册账号的所有权及有关权益均归抖音官方所有，您完成注册手续后仅享有该账号的使用权。您的账号仅限于您本人使用，未经抖音官方书面同意，禁止以任何形式赠、借、租、转、售卖或以其他方式许可他人使用该账号。如果抖音官方发现或者有合理理由认为使用者并非初始注册人，官方有权在未通知您的情况下，暂停或终止向该注册账号提供服务，并有权注销该账号，而无需向注册该账号的用户承担法律责任。

（2）因其他人恶意攻击或您自身原因或其他不可抗力因素而导致账号被盗、丢失，均由您本人承担责任，抖音官方不承担任何责任。

（3）除自行注册“抖音”账号外，您也可以选择通过授权使用您合法拥有的包括但不限于公司和/或其关联公司其他软件用户账号，以及实名注册的第三方软件或平台用户账号注册并登录使用“抖音”软件及相关服务，但第三方软件或平台对此有限制或禁止的除外。

（4）为了充分使用账号资源，如您在注册后未及时进行初次登录使用或连续超过2个月未登录闲置账号的使用等情形，抖音官方有权随时收回您的账号。

2.2.2 实名认证：身份证件真名核对

若是觉得只设置一个固有密码不够保险，“抖友”们还可以再加上一层保护锁——实名认证。我们都知道出于特殊原因导致的异常登录可以向官方申诉，有一定的概率可以寻回账号，但在没有绑定个人真实信息的情况下，即便是官方也无法有效确定账号的归属。而一旦通过了实名认证，就相当于一人一号，只要我们向官方提交个人身份证明，在没有违规的前提下必然可以寻回。

遭遇盗号的“抖友”可以向官方指定邮箱发送标题为“账号找回+被盗取的抖音ID+联系电话”的邮件，并在内容中描述证据，官方予以核实后会联系处理。当然，这一过程比较烦琐，证据搜寻也比较困难。为了避免这种尴尬，不妨一起来看看如何进行实名认证。

步骤 01 在“账号与安全”中找到“实名认证”一栏，此时为“未认证”，点击进入认证界面（图 2-63）。

步骤 02 在“真实姓名”一栏中填写姓名（最好为注册人或运营者），在“身份证号”一栏中填写对应的有效的18位身份证号码，如43072419**********。确认无误后，点击下方“开始认证”按钮（图 2-64）。

图 2-63 进入认证

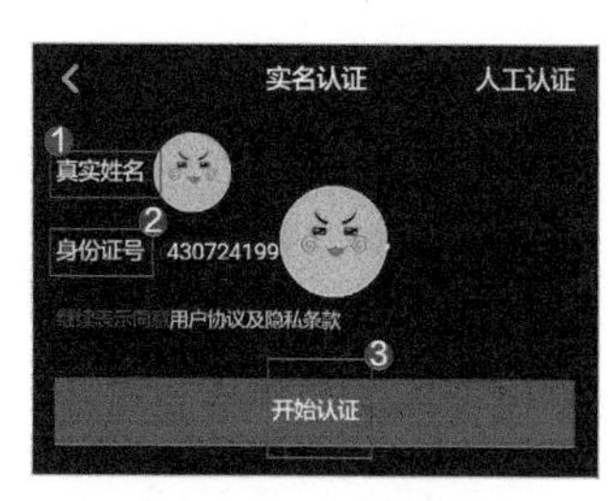

图 2-64 填写信息

步骤 03 出于安全考虑，系统将会弹出“提示”框，要求认证者再次确认，点击“确认认证”（图 2-65）即可进入面部认证的环节。注意：请确保发起认证的手机中已安装支付宝并与抖音绑定为同一手机号码，而且无信用问题。因为接下来的认证要交给“芝麻信用”完成。

步骤 04 系统自动跳转到“支付宝”→“芝麻信用”界面，勾选“我已阅读并同意认证服务协议，并输出上述信息”，点击“开始认证”按钮（图 2-66）。注意：开始前请确保认证人为身份证持有者本人，且面部无遮挡物及配饰，认证需在光线明亮处进行，以保障认证的通过率。

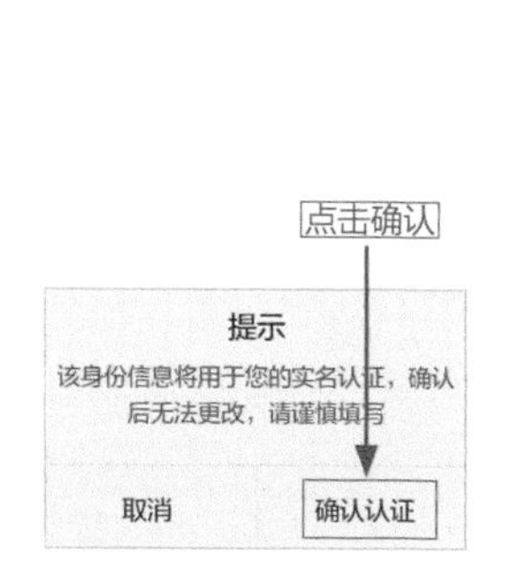

图 2-65 再次确认

图 2-66 芝麻认证

步骤05 芝麻认证过程很简单，只需要将面部对准捕捉框即可在5秒内完成，不需要其他操作。认证结束后耐心等待结果，在1~2分钟内即可完成并显示结果（图2-67）。

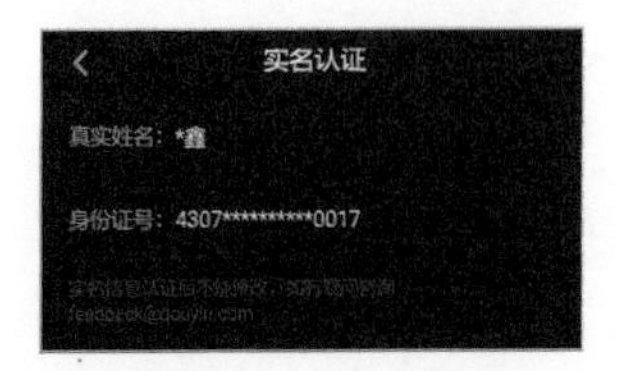

图2-67 显示认证结果

“抖友”们在认证前一定要考虑清楚，因为一旦认证成功，实名信息将不能修改，只能通过注销账号或在2个月内不登录等待官方收回。当然，以上说到的实名认证方法虽然快捷，但机器认证还是会存在一些瑕疵，比如容易因为人脸识别系统这一关不好过，导致无法认证成功。如果遇到这种问题，可以点击“实名认证”页面右上角的“人工认证”按钮人工认证，换一种方式进行验证。

步骤06 进入人工“实名认证”界面后，依次填写“真实姓名”“身份证号”“手机号码”。然后按照模板拍摄并上传本人手持身份证的照片，点击“提交审核”按钮（图2-68）。手机号码最好为抖音账号绑定的号码，拍照时尽量不要佩戴眼镜等配饰遮挡面部，保持与身份证特征一致。

图2-68 申请人工认证

步骤07 由于是人工认证，提交后一般会在数个工作日内得到回复，虽然需要更长的等待时间，但通过率更高。

【小抖知道】

抖音的实名认证作用不小，除了可以提高安全度和便于账号寻回外，还直接关系到是否能够开通抖音直播。因为直播与录制视频不同，即便随时有人监管也无法保证零违规的存在，尤其是这几年直播行业出现各种乱像，抖音团队不希望在直播上“栽跟头”。这也是响应国家关于网络媒体的管理法规。

监管是一个方面，实名认证还涉及主播自身的利益。众所周知，直播的主要收入来源并非是平台的固定工资，尤其是非签约主播。主播的经济收入大多数来源于观众礼物分成，直播平台按照一定的比例将观众赠送的礼物（由真实货币购买）兑现给主播。主播需要绑定银行卡等支付方式，也是需要通过实名认证才能实现的，这是为了保障金融安全。主播的收益统一用“音浪”计算。

2.2.3 账号绑定：选择合适的第三方账号

安全保障自然是多多益善的，抖音为“抖友”们提供除了密码、实名之外的其他方式，确保能够随时寻回自己的账号，也就是绑定第三方账号。目前抖音官方支持的绑定平台有4个，分别为微信、QQ、新浪微博和今日头条（图 2-69）。其实从这里我们也不难看出，抖音团队是何其注重流量与社交属性，4个平台均为国内屈指可数的通信社交和网络信息集散地。

绑定账号的过程比较简单，这里用QQ的绑定为例进行说明。

步骤 01 在“账号与安全”界面中点击“第三方账号绑定”一栏，在跳转的界面中点击“QQ”（图 2-70）进入授权页面。接下来的工作交给QQ进行，因此需要提前确保安装了相应的App且为登录状态。

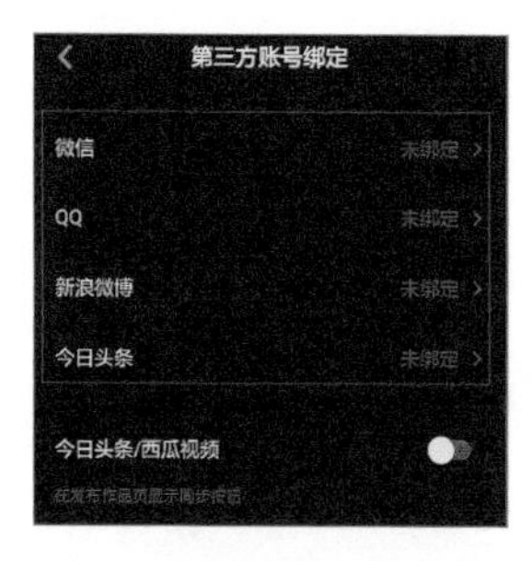

图 2-69 抖音可绑定的第三方

图 2-70 进入授权

步骤 02 在“QQ”登录界面中，选择自己需要授权的账号，并点击“授权并登录”按钮（图 2-71），即可完成绑定授权。值得一提的是，抖音可绑定多个QQ账号。

步骤 03 完成绑定后，再次登录抖音账号时可以直接在登录页面点击QQ图标，完成一键登录（图 2-72）。

图 2-71 完成授权

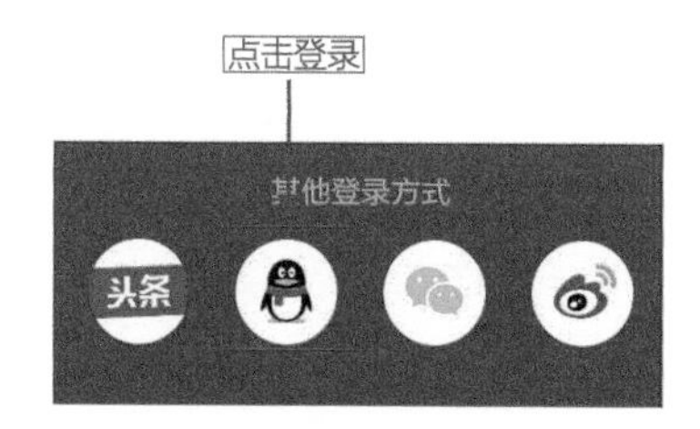

图 2-72 用QQ登录抖音

除了QQ可以多账号绑定外，其余平台均无太大差异，就不在此一一说明了。接下来，针对几种在授权绑定过程中可能遇到的问题及相关处理方法进行讲解。

其一，尝试过“其他登录方式”。

若“抖友”们在第一次下载登录的时候尝试过用上面讲到的4个平台进行登录并成功后，就相当于以此平台账号注册了一个抖音账号并完成了绑定，那么就无法再次绑定其他账号了。例如，在使用微信登录抖音成功后，以手机号码注册的新抖音号就无法绑定该微信号了（图 2-73）。

其二，未下载相应App。

若在点击绑定时弹窗提示“请先安装”等字样（图 2-74），则需要“抖友”们另行下载安装App，并默认登录该App，再返回绑定界面进行操作授权。值得一提的是，抖音属于今日头条旗下，因此开放了直接下载并安装头条App的端口，而其他3个平台则需要去应用商店单独下载了（图2-75）。

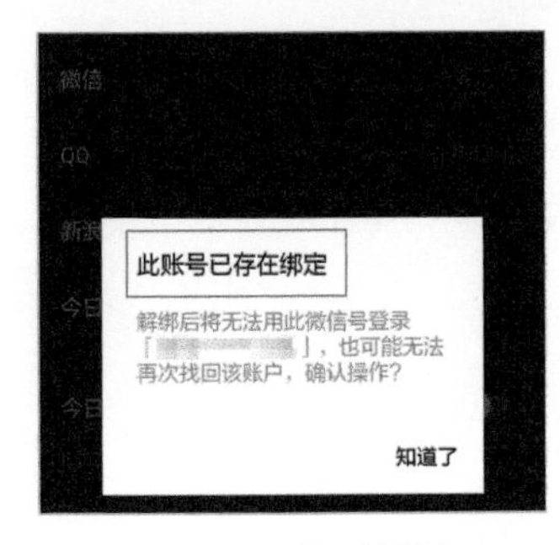

图 2-73 账号已被绑定

图 2-74 未安装相应App1

图 2-75 未安装相应App2

其三，如何更换或解绑账号。

被绑定的第三方账号可能会因为各种原因需要更换，尤其是团体或企业，因为人事变动导致的运营者账号变更较为频繁。其实操作起来很简单，我们只需要在“第三方账号绑定”界面点击需要解绑的账号一栏，如“QQ”，系统会自动弹出“是否解除QQ绑定”的对话框，选择“解绑”即可（图 2-76）。若需要更换新账号，则重复之前的绑定步骤。

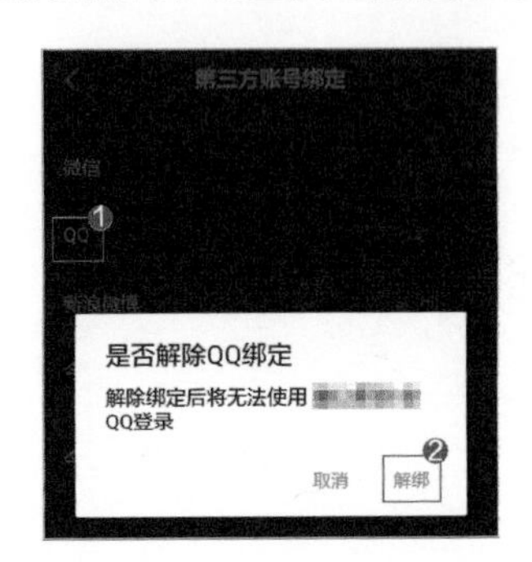

图 2-76 解绑和更换

“抖友”们不必将所有的账号全部绑定一遍，选择自己常用的即可。不过，由于头条号和抖音之间的关联，多数人会选择绑定今日头条。被绑定后可以直接访问头条主页 头条主页 >，并能设置将视频或状态同步到今日头条/西瓜视频中，详情可见图2-74底部。

【小抖知道】

今日头条是流量的“良导体”，因为头条号注重垂直度，越是专注于某个领域（如创意视频）则内容会有更高的频度被推荐并浏览到。若此时浏览者也是“抖友”，则被点赞、关注的可能性就更大了。一篇质量较高的文章，能够在短短3天之内累计上万的流量。而粉丝数和点赞数，是抖音账号之后申请开通长视频、直播等权限必不可少的条件。

2.2.4 手机绑定：更换号码谨慎选择

或许对于现代的“网络社会人”来说，社交账号的更换要比手机号码的更迭快得多。换手机、换套餐或是换城市，我们都有可能会办理一个新的手机号码。那么，对于时常需要用到短信验证的App来说，不会限定不能变更号码。例如，网银可以在网点申请办理等，抖音的手机号码更换比这些要更为简单，只要新旧两个号码都在，并且都处于可接收短信状态，就可以进行更换。

步骤 01 在“账号与安全”界面，找到并点击“手机绑定”，即可弹出“更换已绑定手机？”对话框，若确定更换则继续点击“更换”按钮（图 2-77）。注意：为防止非本人操作，此时号码非全部可见。

步骤 02 跳转到“更改绑定手机”界面后，需要再次输入当前手机号（图 2-78）并点击界面下方的“箭头”按钮，证实确实为本人或本人授权的修改。注意：此操作后会发送短信验证码，需要确保此号码畅通。

步骤 03 当验证码发送至手机后，在60秒内输入并点击界面下方的“对钩”按钮，完成旧号码的验证（图 2-79）。

图 2-77 更换绑定

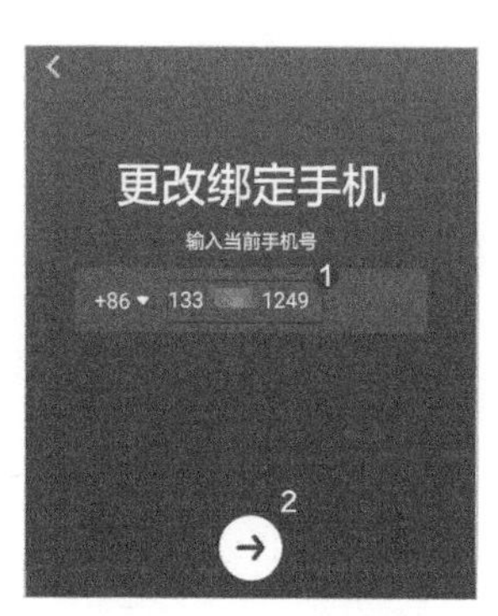

图 2-78 确认当前号码

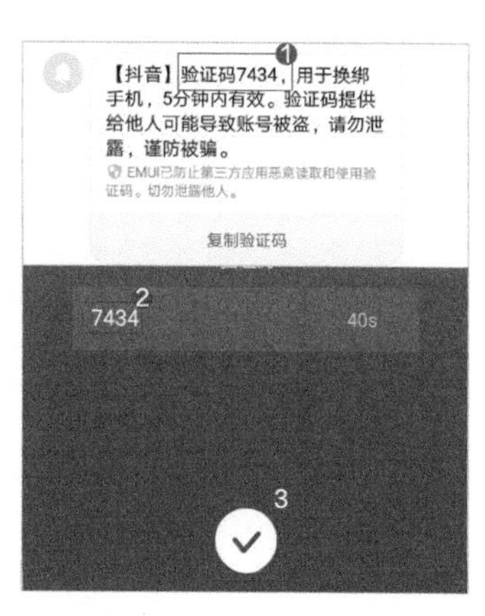

图 2-79 完成旧号码验证

步骤 04 在“输入新的手机号”界面中输入想绑定的号码，同样点击界面下方的“箭头”按钮（图 2-80），重复上一步的验证过程即可。注意：登录密码可以不用更换。

步骤 05 若号码为其他抖音号所用，则会弹出绑定失败的窗口；若绑定成功，则能够在“账号与安全”界面中看到新的号码部分显示在“手机绑定”栏中（图 2-81）。

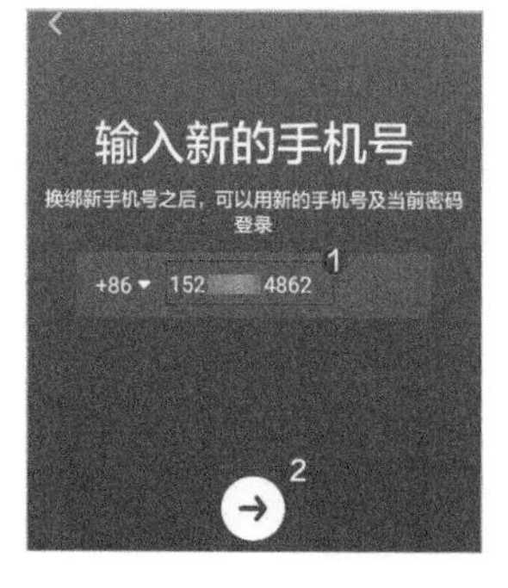

图 2-80 输入新号码

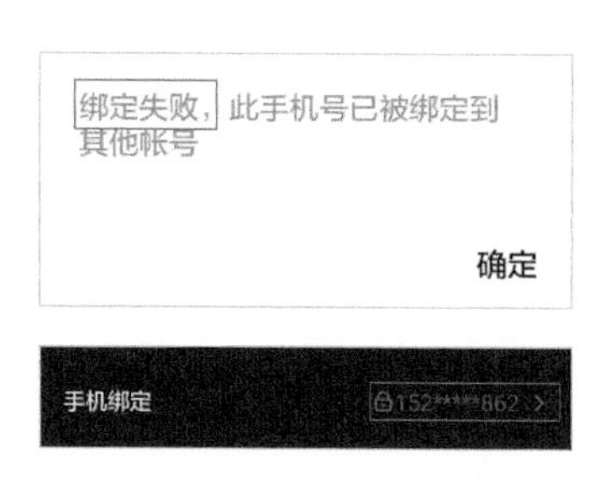

图 2-81 绑定失败和成功显示

在一般情况下，尽量不要去更换抖音账号所绑定的手机号码，尤其是在进行实名认证、机构认证甚至是开通了提现之后。因为大多数情况下，这些功能所需要提供的号码都是同一个，若涉及第三方App，更改起来就比较麻烦了。尤其是企业账号，最好能事先申请专门的手机号码进行注册。

【小抖知道】

如果“抖友”们因为不可抗力因素确实需要更改手机号码，出于财产安全考虑，至少需要将涉及支付和验证的号码全部更新。尤其是支付宝绑定的手机号码，最好能够和抖音账号实名认证时所用到的手机号码保持一致的状态，否则将可能导致无法提现，多次强行操作甚至可能被封禁，再要申诉就麻烦了。

2.2.5 个人认证：达成条件即可尝试

在完成了上述一系列操作之后，大部分的“抖友”都能够开始完整体验抖音了。但是，因为我们大多数“抖友”都是从零开始玩，不太可能直接达到个人认证（相当于微博加V）入门条件（图 2-82），所以初始阶段大多数人都是无法发送申请的。

图 2-82 抖音个人认证条件

“发布视频”大于等于1个，“粉丝量”大于等于1万名，“手机号”进行绑定，三个申请条件，其中手机号我们之前已经进行了绑定，算是完成了。而发布视频也是后面会讲到的内容，只要稍加学习，拍摄一段合格的短视频也并不算难。然而想要达到1万名粉丝以上，就需要花费一些时间和精力了。出于优秀的推送机制，“抖友”们拍摄的视频被浏览到的几率不小，点赞数量或许花点时间也能“磨”出来。但想要被人关注，就不是1~2个视频能够做到的了。

至于如何录制、如何快速引流，要慢慢学习。在这里先讲一讲另外少数的一部分人，是怎么样获取抖音认证的。最简单的方法与账号绑定有关，例如微博，若这位“抖友”原本就是微博加V认证用户，则可以直接在主页展示认证 V 微博认证: 摄影博主 。除此之外，只要在其他平台粉丝流量不低于10万的公众人物，不论是职业视频玩家还是歌手、演员，只需要将抖音号分享至原有平台并发布一些作品，短短几天就能够完成粉丝的转移（图 2-83）。

图 2-83 原公众人物吸引流量快

当然，在第1章介绍抖音娱乐属性时就提到过，为了扩大影响力，在今日头条资金的支持下签约了一大批宣传大使（名人、明星）。比较有公众影响力的名人都会成为抖音的合作人，他们的账号和认证大部分都是抖音团队主动解决的，而认证标签也不仅限于优质视频的作者了。这些名人、明星们也乐得与抖音合作。在网络媒体时代，增加一个实力平台，就意味着曝光率的提高。

在抖音的认证中，还有一类比较特殊的群体——原创音乐人 原创音乐人。这是很多“草根”音乐人向大众展示自己的良机，也是抖音短视频为了鼓励用户参与进来、发挥创意、产生内容的手段。只要有原创的音乐作品，都可以进行尝试，具体方法如下。

步骤 01 在电脑端搜索抖音官网，找到并进入音乐人端口。在登录窗口中输入抖音账号绑定的手机号码和网站验证码（如hf84，此处不区分大小写），获取并填入短信验证码，单击“登录”按钮（图 2-84）。

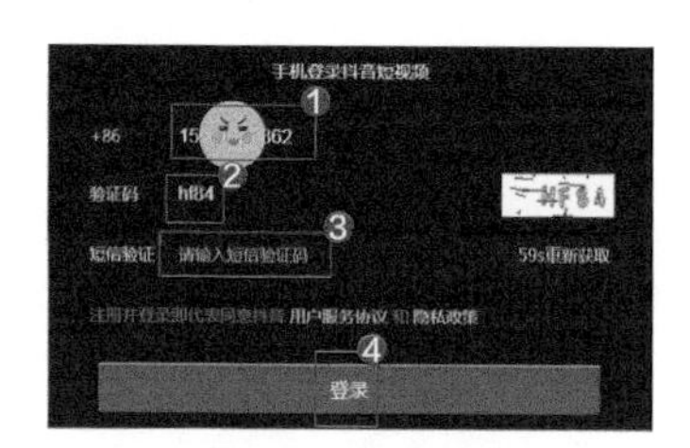

图 2-84 登录官网

步骤 02 跳转到申请界面后，根据步骤提示（图 2-85）准备相关素材。

步骤 03 准备完成后，开始填写个人资料，其中歌手名（艺名）、真实姓名、身份号码和身份证照片是必须提供的内容。为了便于联络，也可以提供个人微信（微信号），最后提交实名审核（图 2-86）。

图 2-85 看步骤备材料

图 2-86 填写身份信息

步骤04 提交信息后还需要从本地上传清晰度高，不少于60秒且属于原创的音乐文件。抖音团队会在数个工作日内回复，若通过则可以点亮认证，且音乐作为抖音原创曲库受到版权保护，可供其他“抖友”下载和使用到自己的视频之中。而失败也会反馈消息及可能原因（图 2-87）。

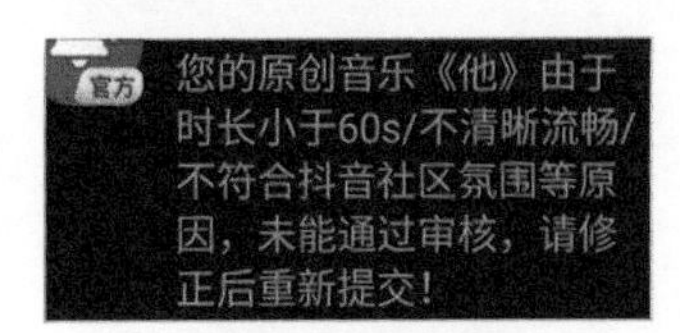

图 2-87 失败反馈

【小抖知道】

与实名认证相同，抖音与手机号码一经绑定，是无法彻底解绑的。实名认证想要消除，只能在达到注销标准后申请注销。而手机号码只能更换为新的号码。如果并非想要成为彻底的“抖友”，只需要下载App享受观看功能即可，绑定功能主要针对想要自己拍摄、体验的用户。

【“抖友”分享】安全中心解疑惑

在使用抖音的过程中难免会出现一些无法解决的问题，例如，账号、手机号绑定异常，账号使用情况异常，误申账号的注销等。在找不到合适的解决办法时，不妨查看抖音安全中心（图 2-88）。这里给一部分的问题提供了解决建议，如与今日头条的同步问题；给一部分问题直接提供了解决通道，如账号注销。当然，随着版本更新与团队的攻坚，将会有更多更细致的分类出现，让我们拭目以待吧。

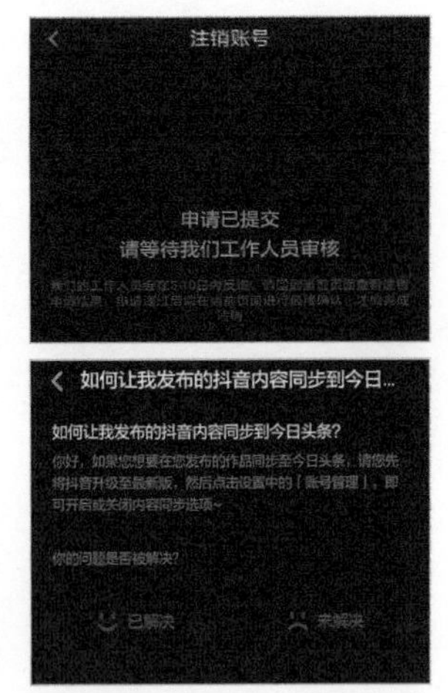

图 2-88 安全中心解疑惑

第3章

极速畅玩

了解抖音基本玩法后，我们已经可以算是真正的“抖友”了。初体验的新鲜感让不少人都对“刷”抖音爱不释手，流畅的体验和层出不穷的创意带给我们良好的体验感。然而，抖音如果只是一个单纯“刷刷刷”的视频软件，那么绝大部分人在度过了“蜜月期”之后，是很难长期关注的。抖音究竟拥有怎样魔力，让“抖友”们“不离不弃”呢？

抖音的成功，很大一部分要归功于其让用户参与进来的理念。即便我们只是作为观众而非真正的玩家去拍摄和分享视频，也可以通过各种新鲜的玩法参与到互动和社交之中。仅仅靠一个小小的团队无法留住如此庞大的客户群，让“抖友”们自成团体才是关键所在。

接下来让我们看看抖音到底有些什么样的互动玩法。

3.1 新鲜内容随便看

视频内容作为抖音的核心玩法，除了被动地观看之外，还提供了很多主动玩的方案。与其他社交类App一样，抖音为我们提供了包括热搜、同城、点赞、关注、评论等多种互动元素，他们分别是通过什么样的操作来实现的呢？我们前面已经提到了滑动屏幕来获取更多信息的玩法（图 3-1），在此基础上，针对每一个页面的功能按钮进行进一步的挖掘。

图 3-1 抖音基础玩法回顾

3.1.1 抖音热搜：话题挑战一应俱全

首先来看看“抖友”们普遍比较关心的主动搜索问题，我们已经知道了如何通过“搜索栏”输入关键词精准定位自己的观看需求，那么当自己也不知道想要看什么的时候又该如何搜索呢？抖音为我们提供了类似微博热门榜单的功能——抖音热搜。抖音热搜是由官方团队将当前某个时段的热门话题和视频等按照一定的算法进行搜集并公布的相关话题排行榜。

步骤 01 在抖音“搜索”页面找到抖音热搜，点击“查看更多热搜榜单”（图 3-2），进入抖音热搜详单。

步骤 02 在“详单”页面可以点击查看“热搜榜”“视频榜”“正能量”“音乐榜”，这些榜单分别代表着当前的热门话题，每隔一段时间会自动更新（图 3-3）。

图 3-2 抖音热搜

图 3-3 热搜详单

一般来说，由抖音官方精选的话题都是当前在全网络平台上拥有一定热度的话题，这也就能够保障“抖友”们所看到内容的时效性。除了这种官方话题榜单外，还有更多能引起大家兴趣的

“草根”话题，也就是由“抖友”们自己发起的话题。与微博话题相似，我们能通过“#”符号框出话题，进行操作和追踪，也可以在自己拍摄视频后主动发起话题。

步骤 01 在抖音“搜索”界面通过向下滑动找到带“#”符号的话题，此处可以看到话题当前的播放热度。点击自己感兴趣的话题，如“万物公主”一栏的空白处，进入话题详情页（图 3-4）。

步骤 02 详情页中所有的视频均与我们感兴趣的话题相关，默认排序方式为按热度，即播放量（图 3-5）。通过点击“排序”栏中的“切换”按钮可更换为按发布时间排序（图 3-6）。点击任意视频进入播放页面，在这里依然可以用向上滑动屏幕的方式按顺序切换视频。

步骤 03 若对当前话题感兴趣，“抖友”们也可以点击“参与”进行同类拍摄。

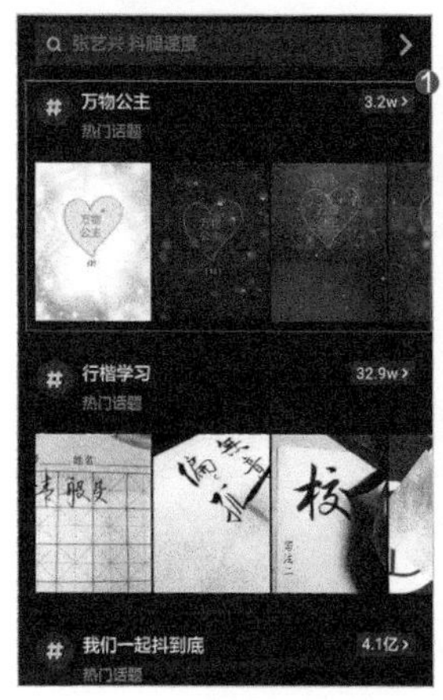

图 3-4 “草根”话题

图 3-5 话题详情页

图 3-6 更换排序

具体如何拍摄，后面章节我们会一一讲解。在话题页面中，我们可以看到或长或短的话题简介，如“万物公主的成长故事”。有的话题介绍较为详细，感兴趣的“抖友”可以根据具体的要求进行拍摄并加入到话题中来。此外，还可以主动参与或发起话题。

步骤 01 拍摄并制作一段视频（详见第4章4.1节）并进入“发布”页面，点击“话题”按钮（图 3-7）。

步骤 02 点击“#”符号一栏输入与视频相关的话题，如“狗”（图 3-8），选择热门话题进行参与，或直接跳过并点击“发布”按钮。前者可以加入热门话题，后者则可以创建新的话题。

图 3-7 发布页面

图 3-8 创建话题

话题能帮助“抖友”寻找更为精准的内容，节约时间，也能够让发布者得到认同感，这也是抖音社交属性的表现之一。值得一提的是，比起以看为主的话题，抖音还有更注重参与的“挑战”（图 3-9）。通过拍摄同类视频进行人气比赛，除了获得大批的粉丝流量，前几名还可能会得到组织者（可以为抖音官方或个人、企业用户）提供的奖励。

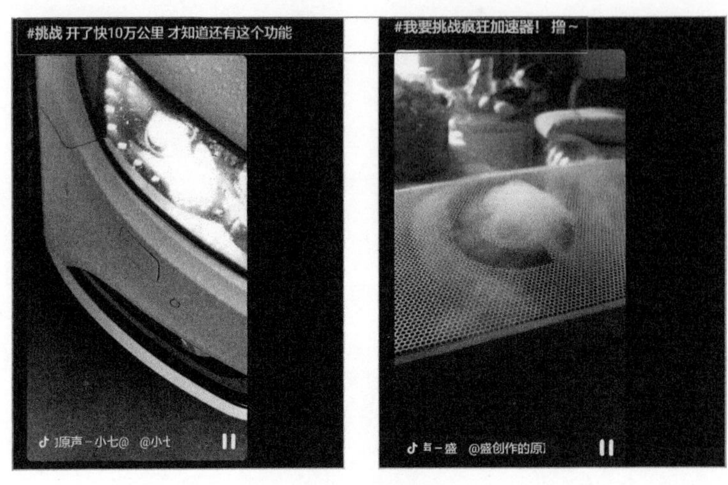

图 3-9 抖音的挑战

不过抖音在改版后，取消了以往固定在“发布”页面的“挑战”按钮（图 3-10），将其与“话题”合二为一，玩法也比较接近。而单独的挑战一般由抖音官方发布，希望参加挑战的“抖友”可以通过搜索找到自己感兴趣的挑战。

图 3-10 原本的挑战按钮

【小抖知道】

“挑战”功能可以视作暂时下架调整，待其与“话题”玩法进行区分之后，抖音的新版本中可能会再次上线。因此，实际页面中是否有“挑战”功能需参照最新版本。

另外，话题或挑战，也可以进行分享，在详情页面中，点击“收藏”按钮☆收藏进行收藏，方便下次继续观看或参与；点击“分享”按钮•••可以让更多的人参与到话题中来。

3.1.2 身边红人：首页同城可选定位

如果说热搜是通过精准定位内容来刺激互动，那么“同城”功能则刚好相反。通过激发“抖友”们对距离相近而产生的好奇心与认同感，将更多的内容推送到眼前。因为，对于和自己有某种“羁绊”存在的网络达人，我们会产生一种自豪感和亲近感，而以地缘为线索是其中最为常见的一种。细心的“抖友”在试用首页“推荐”功能的时候，应该就已经发现了旁边的“同城”功能（图 3-11）。

图 3-11 抖音“同城”功能

步骤 01 按照置顶推荐的方法，向上滑动屏幕即可看到“同城”按钮（此处不再赘述），点击按钮进入目前实时定位城市的同城推荐页面，如长沙（图 3-12）。此处所有的推荐视频均为发布时选择或默认定位与我们定位相同的“抖友”作品。

步骤 02 在视频预览的左下角，可以看到发布地点与自己当前定位的距离。进入视频界面，甚至还可以通过点击“地标”按钮，进入地图导航（图 3-13）。

图 3-12 同城推荐页

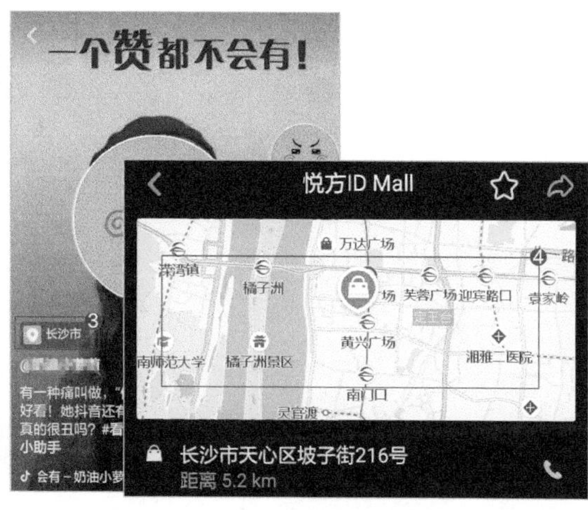

图 3-13 真实的距离

相近的现实距离，让同城“抖友”的熟悉感无限放大，熟悉的街道、熟悉的店面、熟悉的口音能够给大家带来亲切感。作为观众的我们，比其他非同城的观众体验到的要更多。与此同时，我们还可以通过同城功能，发现更多的“网红”地标（图 3-14），拍摄同款视频。

除此之外，同城功能还可以帮助我们熟悉当地的特色。通过自动定位或手动修改，我们可以精准找到自己身处或者即将前往的城市，了解特色景点、风土人情等相关信息（图 3-15）。具体操作步骤如下。

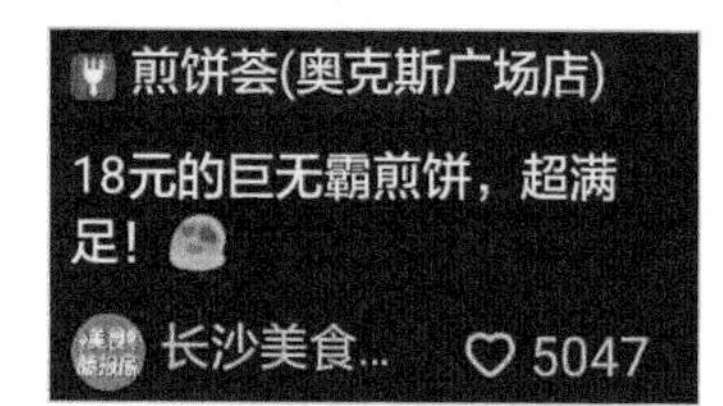

图 3-14 “网红”地标

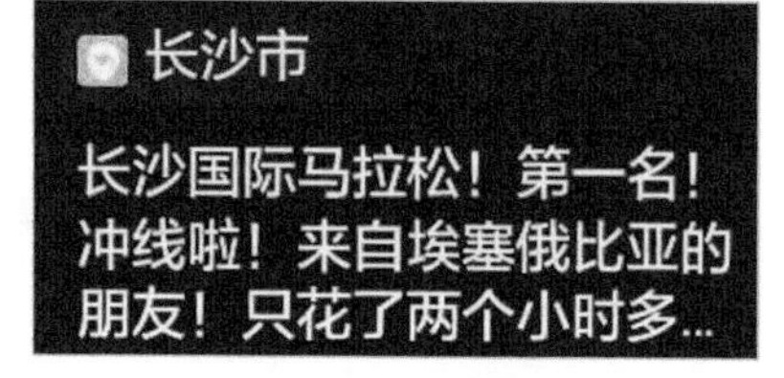

图 3-15 同城趣闻

步骤 01 在同城推荐页中点击“自动定位”按钮，进入“切换城市”页面。

步骤 02 在跳转的页面中点击“自动定位”栏的任意位置，可刷新到当前城市。另外，曾经定位过的城市会生成历史访问记录，再次点击标签，可以重新定位到该城市（图 3-16）。

步骤 03 自动定位不准确或目前不在该城市的情况下，可根据抖音推荐或首字母顺序，如“B-北京”，寻找需要的目标城市，点击城市标签进行定位（图 3-17）。

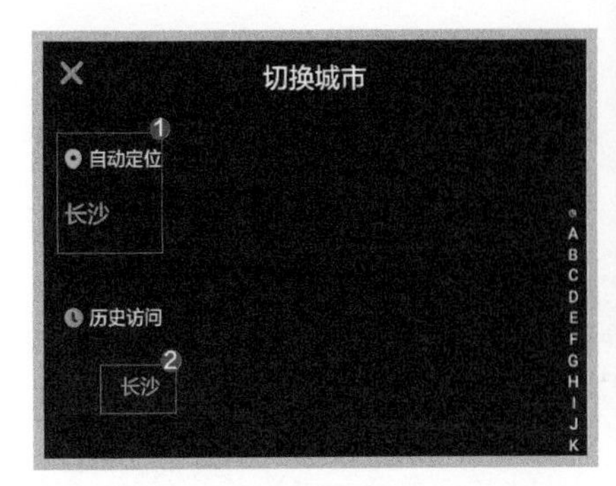

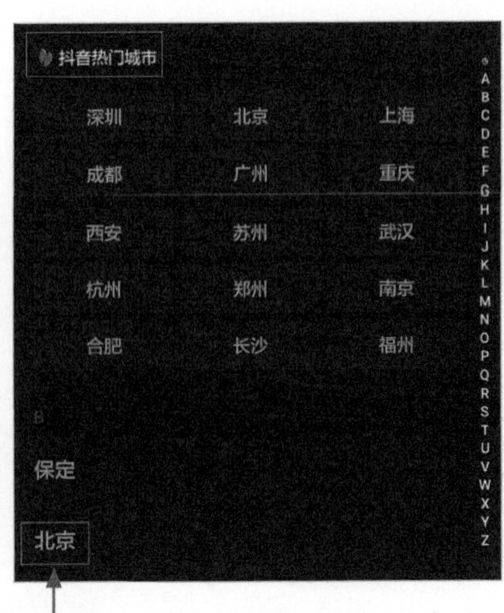

图 3-16 自动定位　　图 3-17 手动修改

步骤 04 当定位在北京、上海、广州等人口密集的城市时，抖音还提供了诸如美食、景点、酒店、文化、玩乐、购物和运动地标等推荐服务。点击想要查看的项目，如景点，可进入推荐页面（图 3-18）。

步骤 05 在推荐页面中，可以查看相关地点定位所拍摄的热门视频（图 3-19）。

图 3-18 推荐分类

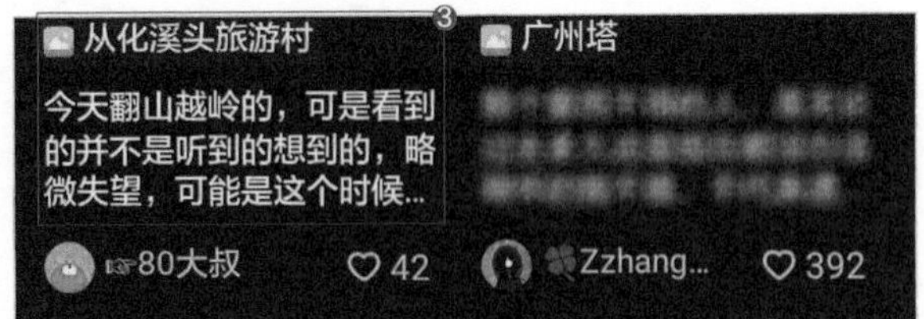

图 3-19 相关热门视频

步骤 06 点击“热门推荐”栏的“查看全部”按钮，还可以看到更多的“推荐”（图 3-20）。

图 3-20 查看热门推荐

步骤 07 “抖友”们可以选择“商圈”进行地点定位，还可以根据抖音的“智能排序”选择离自己更近或更热门的地点进行查看，也可以根据需求选择地点的“类型”（图 3-21）。

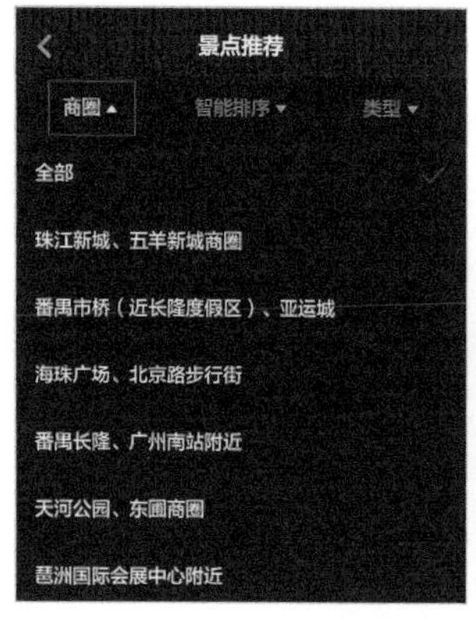

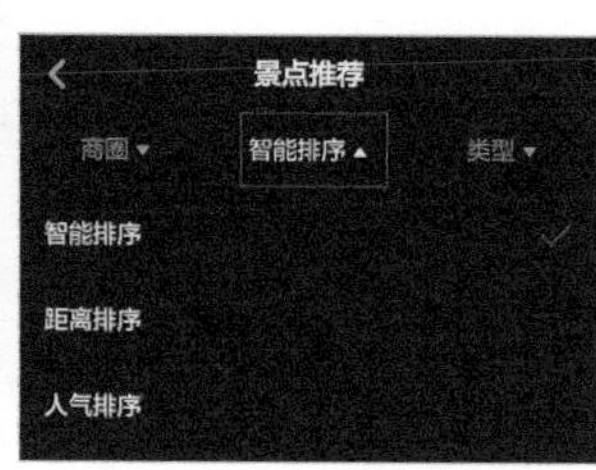

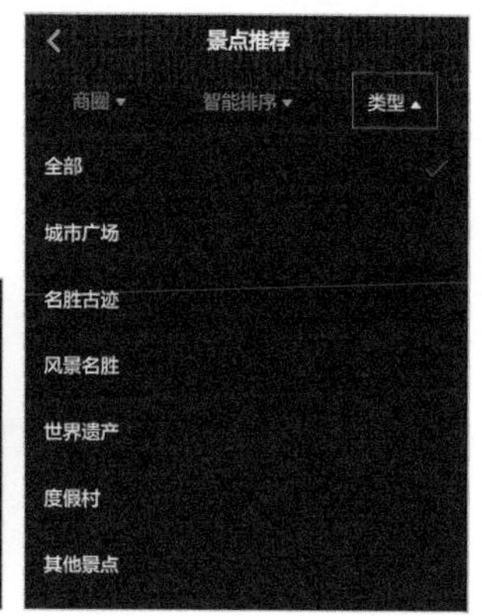

图 3-21 选择推荐方案

【小抖知道】

每次使用同城推荐，抖音都会根据目前的所在城市进行自动定位，因此，若想要“异地同城”，则每次都需要手动修改定位城市。不过目前抖音并没有提供比较完整的城市地图，而且目前只有37个使用人数较多的“网红”城市可手动定位，其他城市只能自动定位。

3.1.3 喜欢作品：点击红心随时观看

了解了如何寻找和选择自己需要的视频，再来看看怎么将其中精彩的、好玩的视频保存起来，以便自己闲暇之时拿出来翻看和学习（图 3-22）。不论在首页或是其他播放页面，都会有一系列的操作按钮。几乎所有玩过网络社交平台的人都清楚，通过“点赞”“喜欢”，除了能够将自己感兴趣的内容保存起来之外，还能给制作者带来额外的流量，甚至是直接的收益。

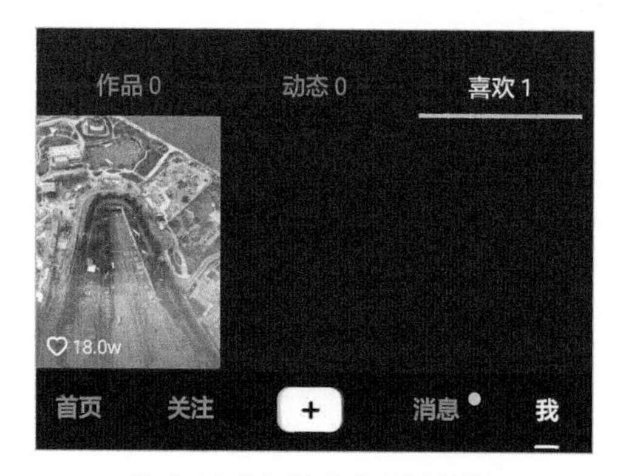

图 3-22 点击“红心”保存的视频

而点击“红心”喜欢作品，也会成为抖音为我们推荐视频的后台计算标准。据透露，抖音会根据我们所喜欢的视频关键词类型，调整所推荐的视频类型。也就是说，一个长期关注舞蹈类的“抖友”

和一个长期关注“美食”类的“抖友”，被推荐的侧重点是不同的，这就是所谓的用户画像（根据用户的特征和浏览记录进行精准推荐）。此外，如果我们对同一个视频作者的喜欢数量越多，其新制作的视频被推荐到我们面前的概率也会越大。总而言之，越多动作，就会让抖音越“懂”我们。

因此，在遇到我们感兴趣的视频之后，不妨如此。

步骤 01 找到视频播放界面右侧的白色“心形”按钮，点击该按钮；或者在视频空白处进行连续两次点击（一次点击是暂停），待视频中出现大的红色心形，表示该视频被视作“喜欢”（图 3-23）。

图 3-23 点击按钮或空白

步骤 02 待到视频右侧白色“心形”按钮变为红色之后，操作完成（图 3-24）。

步骤 03 被“喜欢”的视频可以在“我”界面中查看到。点击打开视频，再次点击红色“心形”按钮，变为白色，则为取消喜欢，回到“我”界面中可以看到被喜欢的视频消失（图 3-25）。

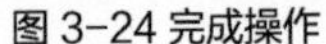

图 3-24 完成操作

图 3-25 取消后的结果

抖音在“我”界面中的视频只显示封面，如果喜欢的视频较多后，可能会找不到自己想要的；也可能因为喜好发生变化，不再想关注此视频，都可以使用以上方法进行处理。但抖音没有“回收站”，被取消喜欢的视频想再次找回，只能通过搜索，“抖友”们在删除前需慎重考虑。

此外，被“喜欢”的视频可以在“我”界面中查看点赞数（图 3-26），或在“消息”界面点击“赞”查看点赞信息（图 3-27）。

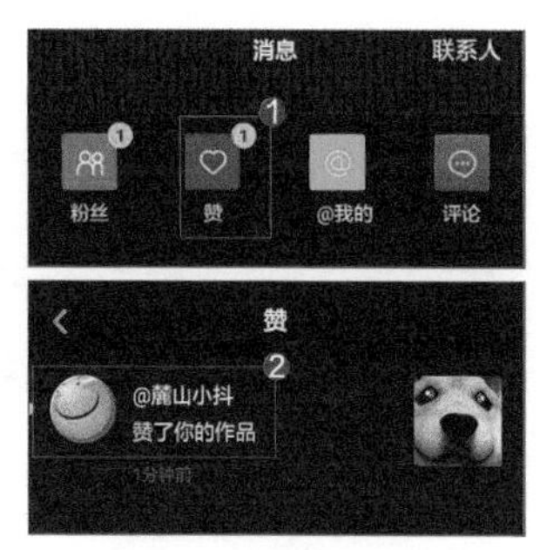

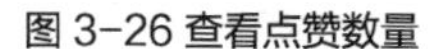

图 3-26 查看点赞数量　　图 3-27 查看点赞详情

【小抖知道】

“抖友”们也可以给自己的视频点赞哦，在自己的作品列表中打开自己的视频，用同样的方法可以为自己增加一个赞，但不会出现在自己“喜欢”的视频当中。不用担心，这个赞会计入到统计数据中，用这个方法可以为自己消除0赞数，给自己一个良好的开端。

3.1.4 欣赏主播：猛戳关注了解更多

大家常说“有趣的灵魂万里挑一”，意在说明想要遇到一个有创意、符合自己审美的人不容易。其实这句话同样适用于“抖友”们，在抖音App上浏览的视频越来越多，大家的审美水平也在提高，对自己的喜好定位也越来越精准，难得遇到“知己”。在遇到自己感兴趣的人或视频时，我们可以通过关注的方式，了解此人的更多信息，或找到更多同类的视频。

步骤 01 找到自己想要关注的人或视频后，在播放界面中点击右侧头像下方的“加号”进行关注，当“加号”消失，则表示关注成功（图 3-28）；点击头像进入主页，可查看信息、发送消息（图 3-29）。

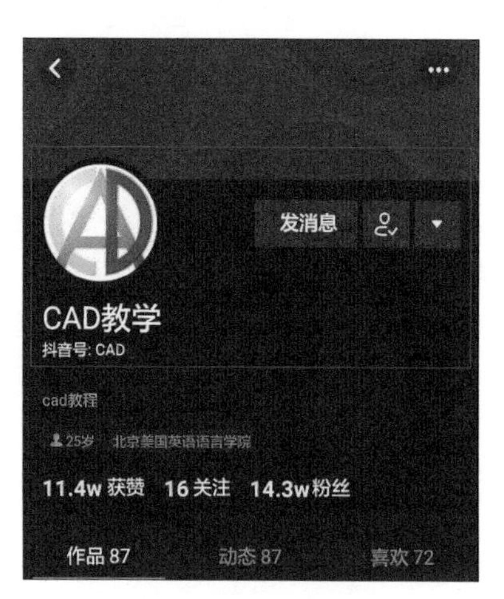

图 3-28 点击关注　　图 3-29 进入主页

步骤02 点击“发消息”后可跳转到信息界面，编辑消息并点击“发送”按钮可发送消息（图3-30），值得一提的是，抖音支持发送语音和图片消息。若点击右上角的“菜单”按钮•••可进入详情页，如果需要，此处可进行举报、拉黑等操作（图3-31）。

图3-30 发送消息

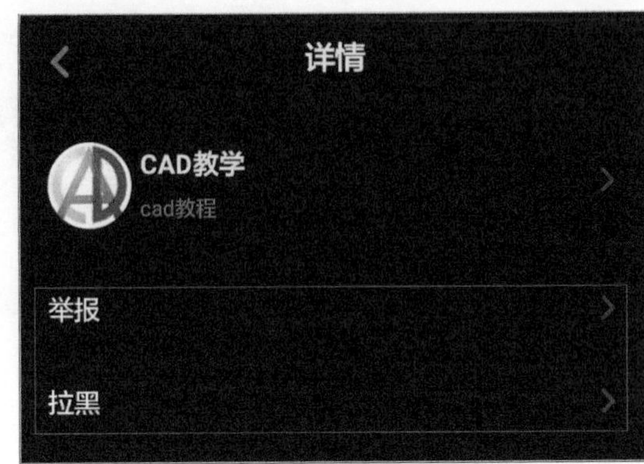

图3-31 更多操作

如果在视频或聊天内容中发现违反抖音用户或社区规则、违反国家法律法规的内容，可以选择举报或拉黑。但需要通过截图、保存视频等手段进行证据搜集和上传，抖音团队在经过审核后才能判定举报是否有效并决定是否执行封禁。值得一提的是，出于恶意报复、无中生有的举报行为，举报者同样会受到惩罚，故“抖友”们切勿因为个人私欲或觉得好玩而进行此类操作。

言归正传，在关注了自己喜欢的视频作者后，除了可以轻松找到和观看其作品，抖音还会向我们推荐一批类似的视频账号。例如，我们在关注了“CAD教学”之后，点击详情页右上角的“三角形”按钮，会按照相关度出现“跟我学CAD”等关注“CAD教学”的人也关注的其他教学类账号。

步骤01 点击这些头像可以进入相关账号的个人主页进行查看，选择是否需要关注（图3-32）。

图3-32 更多内容

步骤02 所有被关注的账号会出现消息提醒，在提醒界面点击关注可完成“互相关注”（图3-33）。而如果要取消关注，则可在其个人主页点击“发消息”右侧的按钮进行取消，取消成功后出现“关注”按钮（图3-34）。

图 3-33 互相关注

图 3-34 取消关注

其实关注并非只是作为粉丝支持“达人”的手段，同样也是好友之间社交关系向抖音App的转移和一种延续。如果有心运营自己的抖音号，“抖友”们不妨与自己其他社交平台的好友互相关注，第一批粉丝与自己的关系越亲密，作品获得“喜欢”和“转发”的概率越高。

【小抖知道】

2018年5月1日至5月31日，抖音平台累计清理了26356条视频、6989个音频、91个挑战，永久封禁21786个账号。受处罚的账号及内容，主要包括7种：色情低俗、侮辱谩骂、垃圾广告、造谣传谣、侵犯版权、内容引人不适、涉嫌违反法律法规。

抖音表示，其初心是记录美好生活。作为平台，抖音深感责任重大，一直致力于为用户提供积极、美好、绿色、健康的内容生态环境，坚决并持续打击低俗、低质等方面的信息。

3.1.5 参与其中：私信评论都很方便

参与感作为提高用户黏度的重要手段，是社交媒体永恒不变的关注点。抖音短视频作为一个音乐视频社区，最为基础的参与感来自于网络社交，说白了就是聊天。不论是“喜欢”还是“关注”，最终带来的都是互动，聊天是其中必不可少的一个环节。

在抖音App中的聊天可以分为两种，评论和私信。我们已经知道了通过发消息的功能，可以向其他用户发送文字、图片和语音私信。这些信息不会被除了两者之外的其他人看到，可以作为朋友之间的常规聊天手段（图 3-35），免除了抖音好友之间需要借助第三方聊天工具的麻烦。不过目前抖音聊天功能无法像专业的通信软件一样查看好友是否在线。

图 3-35 与好友互发私信

严格来说，私信属于目的性极强的交流手段，实际上已经脱离了短视频这个共同的话题，需要双方有较为深厚的交流基础。因此，有时候私信难免会出现“尬聊”的现象。抖音私信与微博私信相仿，是作为即时评论的补充而存在的。作为核心交流手段的评论，除了是作者与粉丝、好友间沟通的桥梁，还是粉丝群体之间的共同社区，这种开放性是抖音成为短视频社区的根本。

步骤01 在视频播放页面右侧的“心形”按钮下方，可以看到 “气泡”按钮，即“评论”（图3-36），可以看到评论数量。点击该按钮可以进入评论详情页面。

步骤02 在评论详情页面中，可通过滑动查看评论的时间、账号和相关内容。点击评论栏右侧的灰色“心形”按钮可以对该评论进行“点赞”。也可以通过点击头像进入该账号的个人主页（图3-37）。

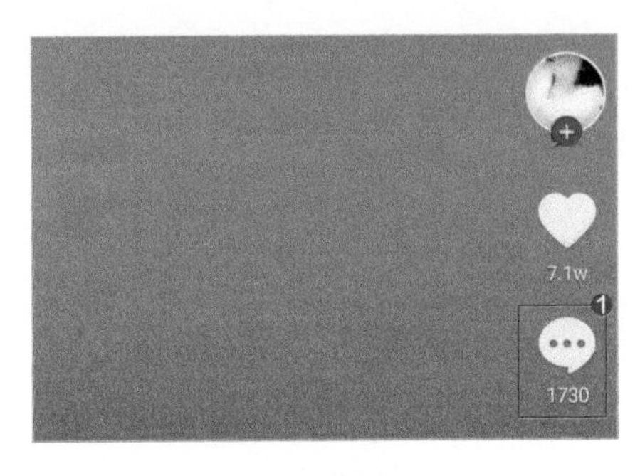

图 3-36 评论按钮

图 3-37 评论详情

步骤03 可以通过评论详情页面底部的聊天窗口进行评论的编辑和发布（图3-38）。

步骤04 点击评论空白处可弹出操作按钮菜单，可以对该评论进行转发、回复、私信回复、复制和举报。其中只有回复会显示在当前的评论界面之中（图3-39）。

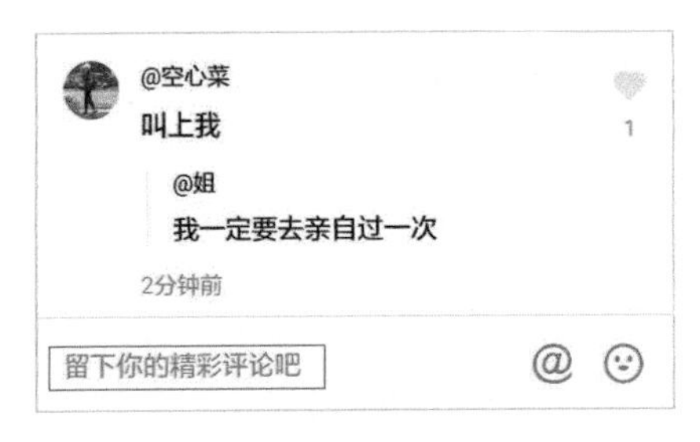

图 3-38 直接评论

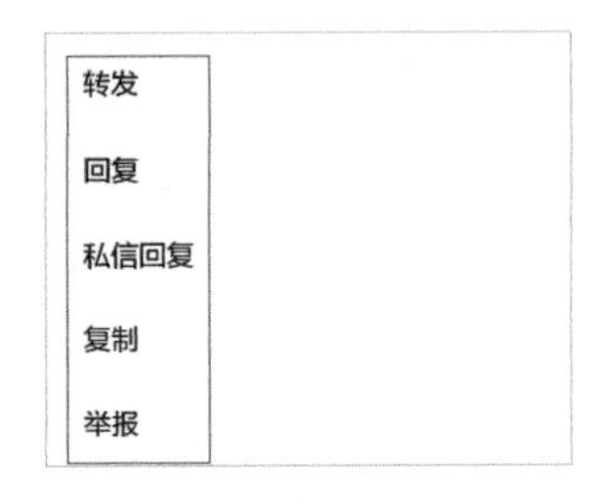

图 3-39 回复评论

步骤05 此外，点击自己的评论可以进行删除操作。

【小抖知道】

有用户这样描述抖音的“正确打开方式”：抖音最有趣的打开方式是，边看视频边看评论。它的每一条评论都很有意思，可能一个视频看着很普通，但点开评论一看就会豁然开朗，被戳到笑点。

此外，就是抖音的社交属性，“抖友”们可以像微博一样在抖音平台上@好友。抖音的评论区形成了一种独特的社区氛围 ，让人想到B站的弹幕、网易新闻的跟贴，还有网易云音乐的评论。附加于内容之上的UGC，产生出身份认同和归属感，甚至有了超出内容本身的价值。

【“抖友”分享】通过歌声搜索同款

不要忘了，抖音短视频有趣的地方远远不止视频本身和搞笑的评论，它还有音乐，如果离开这些丰富的音乐，视频也会变得单调乏味。如果遇到喜欢的音乐，试着点击播放页面右下角旋转的唱片图标进入音乐“同款”界面。在这里可以看到音乐原创人的信息，以及更多采用了同款音乐的其他视频。另外，我们也可以通过“拍同款”功能，直接将音乐套用到自己的视频中（图 3-40）。

图 3-40 通过歌声搜同款

3.2 好友“播主”来互动

俗话说“一个好汉三个帮”，抖音的“人气播主”同样离不开粉丝、好友的帮助。一个人的影响力是有限的，即便抖音的推荐机制能够为我们带来不少的新鲜人气，但仅依靠这种一次传播是远远不够的。想要成为“大播主”，影响力的传导是必不可少的（图 3-41），而互动就是其中的关键。

图 3-41 粉丝的传导力

3.2.1 分享快乐：下载收藏链接平台

学会分享，是每个“抖友”的必修课，也是表达对短视频认同的最好方式。其一，社交通常是讲究礼尚往来的，不吝啬自己的分享，才能换来同等的尊重和分享；其二，在以“播主”为中心的网络社区中，活跃、积极的粉丝往往能成为核心，甚至参与社区管理，提高自己在社区中的地位和人气。这不仅能为“播主”的大圈子带来更多的人气，也是自己提高曝光率的机会。

步骤01 点击视频播放界面右侧“气泡”按钮下方的“箭头”按钮，可打开“分享到”界面（图3-42）。

步骤02 在“分享到”界面中，可以看到多种分享方式和平台，最常用的是点击“转发”按钮进行分享（图3-43）。

图 3-42 分享按钮

图 3-43 点击转发

步骤03 转发过程中可添加想说的话，完成转发后，可在“我”界面中查看到相关动态。对于转发的动态还可以再次进行点赞、评论、转发、分享和删除（图3-44）。

图 3-44 查看动态与更多操作

除了在站内转发以动态的形式显示外，其他分享方式均为生成链接，与我们平常分享朋友圈、微博等信息并无二致，在此不再赘述。值得一提的是，不论是站内还是第三方，都需要等待视频审核完成后，才能进行转发，否则无法生成。视频的审核速度很快，一般2小时之内就可以审核通过，有些甚至几分钟就能够通过。

转发是无定向的，所有人都可以看到，而“站内好友”则是转发给特定的好友。只需在“分享到”界面中点击“站内好友”按钮，并选择相应好友即可进行私信分享（图 3-45）。

图 3-45 私信转发站内好友

【小抖知道】

如果发布的视频1~2天依然没有通过审核，可能有以下几点原因：（1）短视频存在敏感问题；（2）短视频清晰度不高；（3）质量不佳；（4）涉嫌侵权或抄袭。除此之外，可能因为网络审核逐步变得严格，加之不断增加的视频量，导致抖音后台审核人员（人工审核）不足，请耐心等待。

3.2.2 邀请好友：同步自己的通信录

作为社交工具，抖音并不是独立存在的，这一点从抖音App与其他第三方平台的合作就可以看出。目前我们已知的可同步账号有头条号、微博、微信和QQ4种，我们在注册之初也讲到了绑定手机号和授权获取通信录，这些都是为了顺利完成原社交平台的社会关系迁移。

步骤 01 在“我”界面中点击“添加”按钮，跳转到“发现好友”（或邀请好友，视版本而定），点击“查看通信录好友”一栏，可关联当前通信录（图 3-46）。注意，此处关联的为登录账号所用手机号码，与认证所用的手机号码无关，请尽量与认证所用手机号码保持一致。

步骤 02 在“通信录”界面中，可以查看到本机所保存的电话号码对应的称呼与账号，点击想要关注的账号一栏中的“关注”按钮，即可完成关注（图 3-47）。

图 3-46 关联通信录

图 3-47 关注好友

好友与其他的抖音“达人”不同，一般会在收到信息后互相关注。当然，也不排除一部分好友本身就是抖音“达人”的情况，关注信息太多就无法及时处理。此时，我们前面说的私信就派上了用场，在没有互相关注的情况下，私信可以增加申请被查看到的概率。当然，如果有其他更为私人的方式，如电话、QQ等，也可以通过这些渠道提醒好友及时互相关注。

【小抖知道】

由于第三方平台的合作需要共同协商并签订合约，在部分版本中可能无法找到获取QQ、微信好友通信录关联的功能，具体请参照最新版本。建议使用手机通信录进行关联，或者直接询问并搜索抖音号、昵称等进行精确查找。若无法确定是否为本人，请电话核实。

3.2.3 隐私设置：屏蔽拉黑避免打扰

在积攒了一定的人气之后，烦恼也随之而来，人气高，就容易被庞大的信息覆盖，无法及时找到密友的信息；也容易被一部分粉丝不分时段地骚扰；更有可能招来一些无端的批评。这个时候，不妨试试隐私设置。

步骤 01 打开“我”界面并点击右上角“设置”按钮进入“设置”界面，找到并点击“隐私设置”（图 3-48）。

步骤 02 在“隐私设置”页面中，第一个选项为“允许将我推荐给好友”，抖音默认为允许状态。此时，只要此手机号码被其他账号手机记录在册，就会被推荐给对方（图 3-49）。

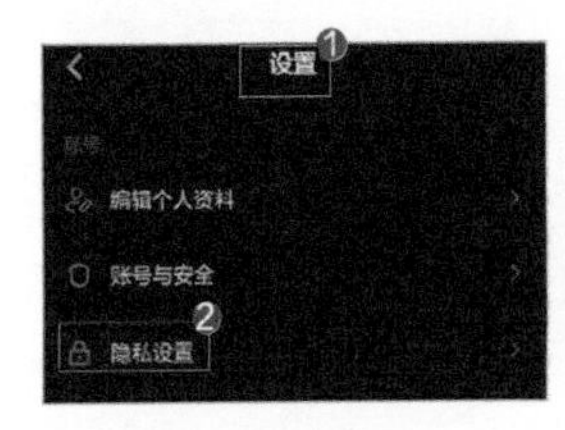

图 3-48 隐私设置

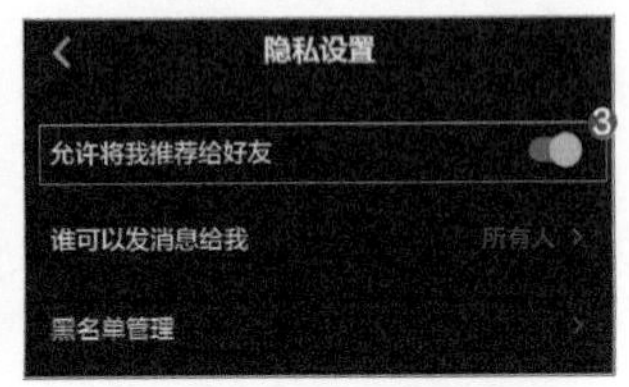

图 3-49 允许推荐给好友

步骤 03 若不想被一部分群体看到此账号，除了选择用私密手机号码注册外，也可以通过点击“隐私设置”页面右侧的绿色按钮，将其变为白色，禁止推荐（图 3-50）。

步骤 04 点击“谁可以发消息给我”一栏，可进入相应页面，此时默认为“所有人”都可以发送。根据抖音号的定位和人气，如人气较高的私人账号，可选择“仅相互关注的人”；不建议完全关闭（图 3-51）。

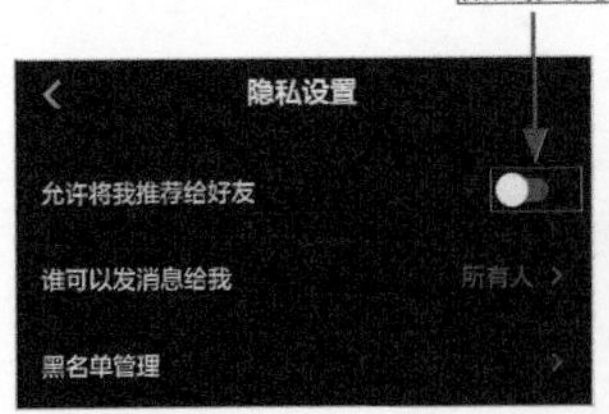

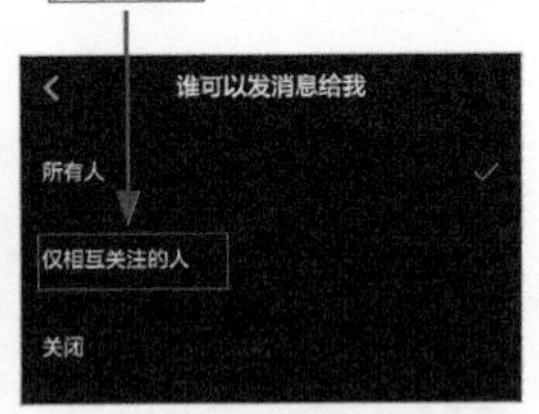

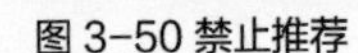

图 3-50 禁止推荐　　图 3-51 选择消息权限

步骤 05 黑名单管理并不能进行“拉黑”，而是对可“释放”出来的账号和误拉的账号进行解禁（图 3-52）。

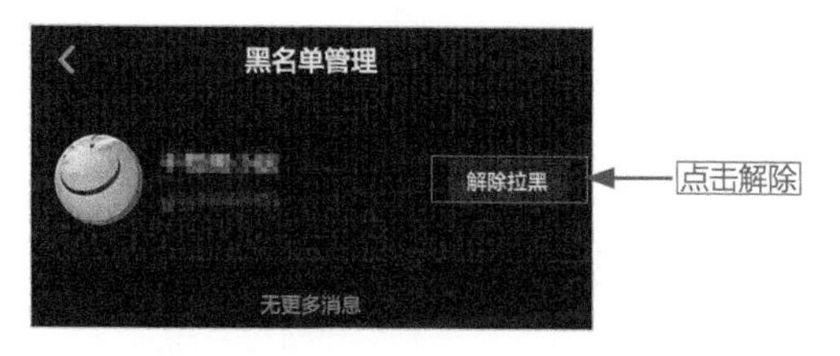

图 3-52 解除“拉黑”

【小抖知道】

不要轻易“拉黑”粉丝或好友。被“拉黑”后，抖音会默认解除对该人的关注，再加回来就会再次提醒对方被关注，这个时候如果不是“误拉”的话，就会相当尴尬了。另外，在解除“拉黑”后，“黑名单管理”界面可通过点击该人头像重新关注，若退出界面，则只能通过搜索找回。

3.2.4 通知设置：接收消息以防错过

既然“拉黑”和完全屏蔽存在较大的弊端，那么有没有什么方法可以比较细致地选择性过滤呢？通知设置可以选择对各类发送到本账号的信息是否提醒阅读（图 3-53），以此减小提醒范围，降低提醒频率。同时可以让“抖友”们更好地避免垃圾信息骚扰，及时获取关键信息。通知设置的方法很简单，抖音默认全部提醒开启，只需要点击对应的绿色按钮，将其变成灰色，即可关闭通知。

图 3-53 通知设置

关键在于每个通知所对应的消息究竟有何作用，开或关的影响是什么。

（1）互动通知。互动通知包括赞、评论、关注和@4种。人气较低时建议全部开启，以便及时与来之不易的粉丝进行互动。而当人气较高之后，可选择关闭赞和关注，因为此二者并不包含关键信息，只是一个数字。评论可根据自身情况选择是否通知，一般评论数至多在2000~3000个，可在发布视频的前48小时设置关闭。而@属于核心的互动信息，不建议关闭。

（2）私信通知。私信被单独列出来，是粉丝或好友与自己的私密互动，涉及庞大的信息量，如商务合作、建议等，即便是因为粉丝量巨大而将其关闭，也尽量不要忘了及时阅读私信。

（3）视频通知。一般“抖友”关注的好友量不会太大，而且关注者一般为自己喜欢的“播主”，没必要将关注人的视频通知关闭。而推荐视频是抖音每10~30分钟的自动推荐，资深“抖友”可选择关闭，这样能够避免抖音官方对自己的“骚扰”。

（4）直播通知。当关注的人中有“播主”开启直播时，会进行提醒。鉴于抖音目前对直播功能的保守态度，以及难以找到直播入口的情况，可以暂时选择开启提醒。

抖音的通知设置所掌控的并不是抖音App应用内的提醒，即便关闭了，抖音也依然会显示当前消息数量和动态，这是无法关闭的。而这里的通知，指的是抖音在获取手机通知栏的权限后，会显示在通知栏中的信息（可能带有铃声和振动提醒）。如果信息源源不断，确实会给手机的使用带来一些麻烦。

3.2.5 自我推广：海报扫码一键生成

有时候我们会发现，抖音添加好友搜索抖音号或昵称比较繁琐，且容易出现错误。一是因为抖音的账号昵称写法复杂，且能够带有一些非数字、字母的符号，难以输入；二是因为现代社会我们拥有的账号过多，如支付宝、微信、淘宝、京东、银行卡等，多得甚至连自己都记不住。二维码扫描的出现，解决了这些难题。

抖音的二维码有两种用途，添加好友和展示推广。

步骤 01 在“我”界面中点击“二维码”按钮生成专属二维码，并可以保存至本地相册中（图3-54）。

步骤 02 除了展示自己的二维码之外，还可以通过点击右下角的“扫一扫”按钮进入扫码界面，此时可以对准需要添加好友的二维码，即可进入其个人主页并添加好友（图3-55）。

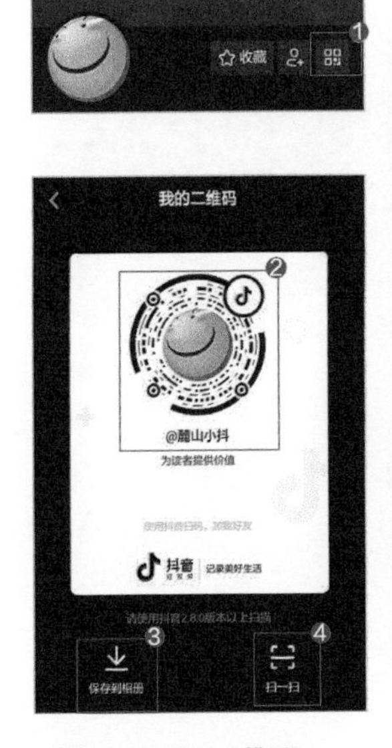

图3-54 展示二维码

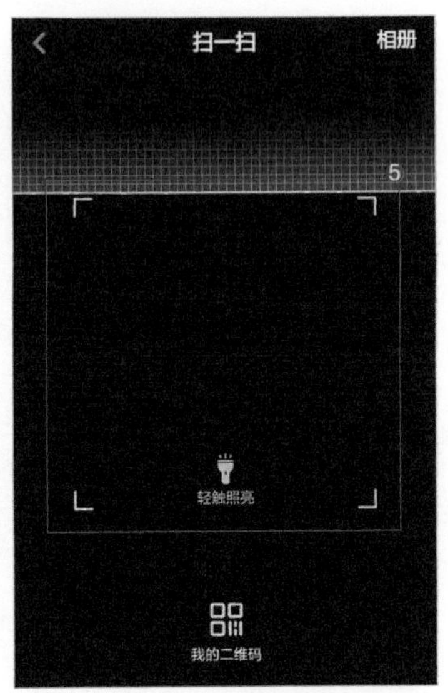

图3-55 扫描二维码

步骤 03 与简单的二维码不同，分享个人主页所生成的二维码海报信息更丰富。在“我”界面中点击右上角的“设置”按钮跳转界面，找到并点击“分享个人主页”一栏。在弹出的窗口中点击“二维码”（图3-56）。

步骤 04 抖音按照模板一键生成二维码海报，其中包含头像、昵称、抖音号及个性签名等信息（图3-57）。

图 3-56 分享个人主页

图 3-57 生成二维码海报

【小抖知道】

抖音的二维码较为特殊，不能被其他扫码工具识别，且对版本有一定要求，详情需参照新版本更新后的说明。而个人主页分享海报中的二维码可以被主流的第三方平台扫描识别，但只能作为外部链接查看信息，而不能直接添加好友。抖音所分配的二维也是固定的，不会因为关闭后再次点击生成而发生改变，因此可以保存到本地相册随时待用。

【"抖友"分享】看视频如何免流量

随着对抖音的逐渐熟悉，“抖友”们会发现自己对于流量的需求越来越大。抖音官方与各大运营商合作推出了免流量看抖音的活动。只需要在“设置”界面点击“免流量看抖音”一栏，在跳转的界面中选择本机号码运营商，点击“点此办理”按钮。输入手机号并通过短信验证，即可“立即领取”。请注意浏览活动规则，避免无效操作。

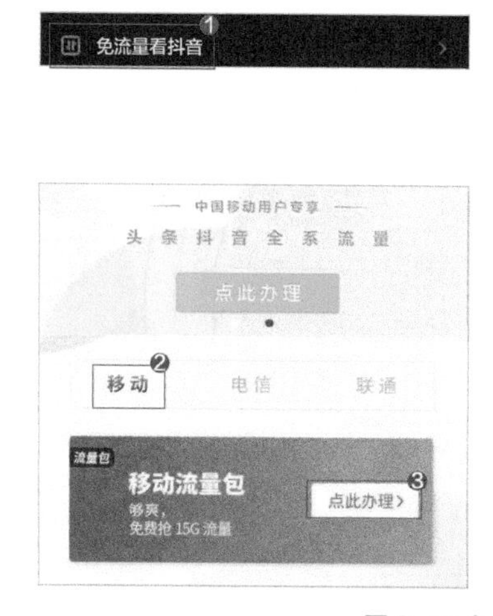

图 3-58 免费流量领取

3.3 抖音也能看直播

对于抖音来说，直播虽然算不上业务基石，成熟度也不如专业的直播网站；但胜在抖音用户数量的庞大，直播的流量也十分可观。不少“抖友”其实并不太了解抖音直播，甚至还存在一部分新晋“抖友”连抖音是否有直播功能、在哪儿看直播都不知道（图 3-59）。

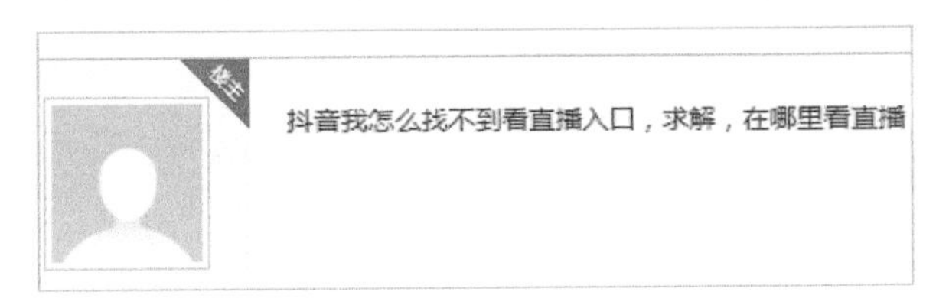

图 3-59 抖音直播究竟怎么看

3.3.1 直播入口：没有专栏如何进入

抖音并没有专门的直播功能板块，直播的入口主要可以分为三个模块，分别在首页、关注页和个人主页之上。不熟悉抖音App的用户，往往会与抖音直播擦肩而过。前面提到过，抖音团队并不希望因为直播的乱象影响到整体的用户体验；但也不可能完全放弃直播，因此采用了比较折中的办法，弱化直播在整个界面中的存在感，只对一部分有强烈需求的用户开放。

步骤 01 最为固定和直接的直播打开方式在首页顶部。点击屏幕右上角的“点号”，能够将首页下拉，露出“热门直播”和“直播”两个按钮（图 3-60）。注意：后者只有关注的人在进行直播时才会出现。

图 3-60 首页的直播通道

步骤 02 点击“热门直播”按钮，跳转到直播推荐界面。点击选择感兴趣的直播封面（图 3-61）。

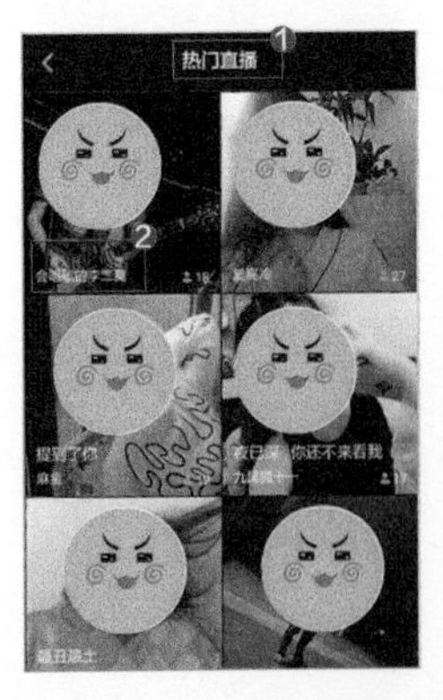

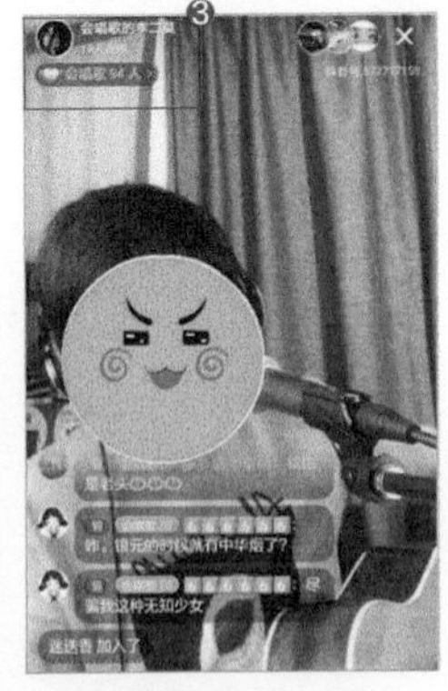

图 3-61 进入热门直播

步骤 03 点击菜单栏中的“关注”按钮，也可以在跳转到页面中，按照同样的操作进入直播间（图 3-62）。

步骤 04 若“抖友”们关注了某位“播主”，在其开播后，也能够通过其个人主页头像进入直播（图 3-63）。

图 3-62 通过关注页进入直播　图 3-63 通过个人主页进入直播

【小抖知道】

在“刷”抖音的过程中，在播放页面中遇到右侧头像出现和个人主页等处头像一样的红色圆圈时，这位“播主”也正处在直播当中，点击头像也可以进入直播。相对的，在通过热门直播看到感兴趣的主播时，也可以通过点击头像进行关注，成为其短视频粉丝。

3.3.2 互动技巧：弹幕表情全屏滚动

好不容易找到直播间，“抖友”们却发现抖音并没有满屏弹幕齐飞，这并不是因为人数太少。作为一款以短视频为主的App，优先考虑的是观看体验。抖音不希望因为弹幕过多，致使本来就小的手机屏幕观看更加困难。在配置直播间分区时，抖音将4个分区赋予了不同的功能，分别为左上角的关注区、右上角的排行榜、左下角的互动区和右下角的特效区（图 3-64）。

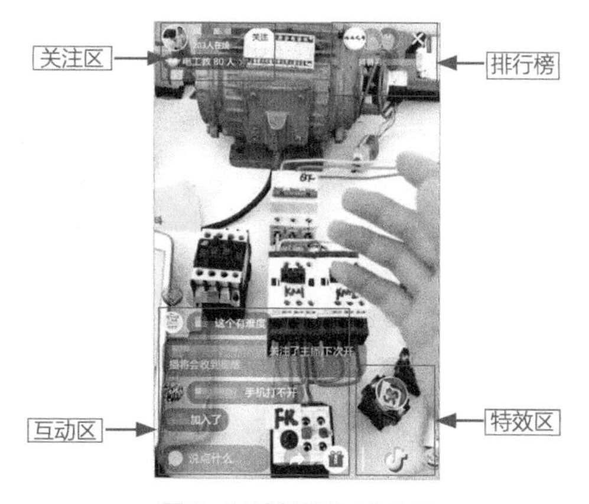

图 3-64 直播间的4个分区

1. 主要活跃区域

互动区是粉丝的主要活跃区域，承担了滚动播放信息的主要任务。互动区大约为屏幕左下角高三分之一的区域，用来滚动显示当前进入直播间、点击关注、礼物赠送和聊天互动信息。这个区域也是粉丝进行评论、转发和送礼物的操作区。

步骤01 点击“说点什么”，可打开输入法进行文字输入，普通评论只出现在互动区内。打开弹幕功能后，可以通过付费显示横屏滚动字幕（图 3-65），每条弹幕1抖币。

图 3-65 开启弹幕评论

步骤02 点击“箭头”按钮，可以打开分享窗口，可以将直播间地址分享至其他社交媒体，也可对不良直播进行举报（图 3-66）。

图 3-66 分享链接

2. 特效表情免费试用

如果粉丝不方便打字，也可以通过抖音提供的特效表情表达相应的情绪或简单地支持。特效表情集中在特效区，大致有喜、怒、哀、乐、赞、贬等。点击选中的特效，会在特效区生成一个向上飘动并逐渐消失的表情特效（并不显示使用者昵称）。

【小抖知道】

如果粉丝不方便打字，也可以通过抖音提供的特效表情表达相应的情绪或简单的支持。特效表情集中在特效区，大致有喜、怒、哀、乐、赞、贬等。点击选中的特效，会在特效区生成一个向上飘动并逐渐消失的表情特效（并不显示使用者昵称）。

3.3.3 抖币充值：真实货币量力而行

直播间提供的免费互动功能及道具有限，想要获取更多玩法和权限，就需要使用抖币。抖币与其他常见的直播虚拟币类似（如战旗币），都是用人民币充值进行统一换算的，是兑换虚拟礼物的单位。只要是经过了实名认证的用户，都可以进行充值。

步骤01 在“我”界面中找到“钱包”一栏并点击打开（图 3-67）。

步骤02 在跳转的“钱包”界面中可以看到当前充值比例为1:10，即每1元人民币可购买10抖币。但抖币并不可以进行随意金额充值，只能按照提供的几种充值金额进行充值（图 3-68）。

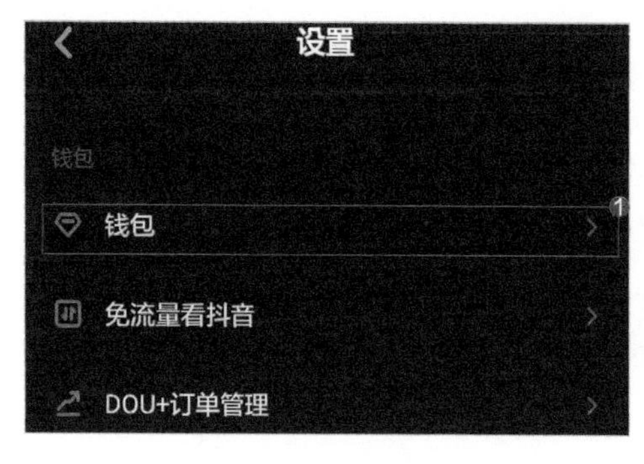

图 3-67 进入“钱包”

图 3-68 充值金额

步骤03 点击界面右侧需要充值的金额，弹出支付窗口，此时可选择使用微信、支付宝两种方式进行支付。点击“确认支付”按钮跳转到微信或支付宝，输入密码并确认支付，即可完成（图3-69）。

图 3-69 选择支付方式

充值成功后，我们可以在“钱包”界面查看当前余额，此时便可以在直播间购买相应的服务或礼物进行赠送了。不过赠送礼物还要量力而行，我们观看直播主要的目的是缓解疲劳，寻找快乐。若为“追星”而花费超出自己承担能力的金额，到头来影响到现实生活就得不偿失了。

【小抖知道】

抖音不提倡未成年人充值。未成年人身心尚未成熟，不具有独立承担社会责任的能力。家长应当适时提醒和监督未成年子女，切忌将支付宝、微信支付、银行卡等密码告知，以免造成在金钱观念不成熟的情况下的胡乱消费，给家庭带来不必要的负担和麻烦。

3.3.4 礼物赠送：把握时机引起关注

进行虚拟货币充值的主要功效就是“打赏主播”。对为自己提供知识、娱乐消遣的主播，予以合理范围内的金钱鼓励，是维系直播文化良性运转的必要前提。主播通过直播获取收益，提供价值；而粉丝们提供一定的资金，获取价值。

步骤01 点击互动区的“礼物”按钮，打开赠送列表，我们可以看到各式各样的礼物及其标价（图3-70）。在抖币充足的状况下，选择并点击自己想要赠送的礼物。

步骤02 确定赠送后，礼物将以特定的形式出现在特效区，并在互动区出现相应文字提醒。每场直播赠送的礼物将成为主播收获的音浪（音浪与抖币比例为1:1），可点击排行榜进行查看（图3-71）。

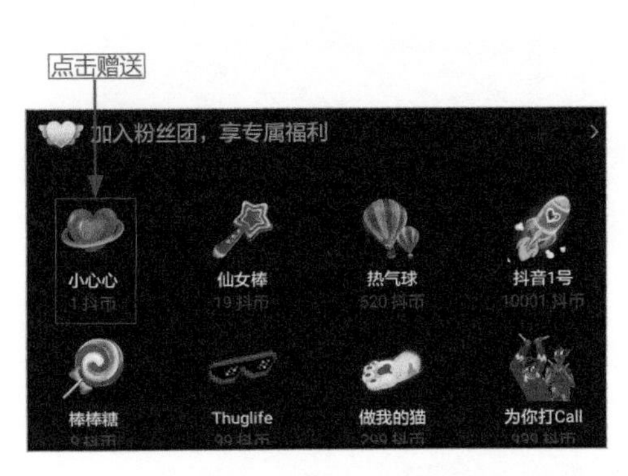

图3-70 赠送礼物

2
本场音浪
主播收益
在线观众
刘漂亮 作品 16 粉丝 186
Ice小一 作品 17 粉丝 143
蔷薇绽放 作品 0 粉丝 107
遥遥无期 作品 3 粉丝 66

图3-71 音浪收益

礼物的多少，可以在一定程度上体现粉丝对主播的认可度以及粉丝的活跃度，从现实的角度来讲，礼物能够直接拉近粉丝与主播距离。主播往往会对粉丝的礼物进行答谢，被主播念到昵称进行口头感谢，增加在“粉丝圈”中的影响力，也会让我们觉得物有所值。

遗憾的是，并非人人都会获得念白感谢。人气越高的主播，获赠礼物的频度越高，一场直播的礼物数量也越多。加上主播既要进行知识、才艺的展示，同时还需要与粉丝互动，时常出现无暇顾及或漏看的情况，粉丝会因此觉得主播对自己不够尊重，觉得自己的礼物打了水漂。

那么，如何妥善把握礼物赠送的时机呢？并不只是单纯的“刷刷刷”。

其一，把握开播的时机。一场直播刚开始的人数必定不会太多，而此时出于准备阶段的主播往往会先与粉丝进行一段时间的互动。对关注的主播设置开播提醒，第一时间进入直播间，这个时候赠送礼物是极有可能被主播关注到的，也是收益最大的时候。

其二，利用节目的空档。主播在集中精力进行才艺表演时，不宜刷礼物。一来容易影响直播节奏，二来容易被忽略。在每一段才艺展示完成，主播开始主动与粉丝交谈时，也是不错的时机。这个时候他们会下意识地关注互动区和特效区，查看礼物赠送情况。

其三，数量不如攒数额。对于高人气主播来说，不可能做到“雨露均沾”，挑选熟悉的人、较贵重的礼物进行念白感谢也是情理之中的。举个简单的例子，看10场直播，送出1000个“小心心”，与选择其中一场赠送一次“打Call”所花费的抖币数量相仿，后者却更容易被注意到。

【小抖知道】

抖音充值需谨慎，一旦充值成功，以抖币形式存在的余额在一般情况下是不可提现的，只有通过视频和直播赚取的音浪可以直接提现。因此，充值前请“抖友”们再三确认。此外，赠送礼物不是唯一的互动方式，积极参与评论，主动发有意义的私信等，都是不错的选择。

3.3.5 加粉丝团：观众特权体验上升

在直播窗口4大模块中，还未具体介绍用途的就剩下左上角的关注区了。顾名思义，粉丝可以在此区域进行操作，完成对主播的关注。普通关注，只需直接点击“关注”按钮，或点击左上角的“头像”，在弹出窗口中点击“关注”即可完成（图 3-72）。目前，抖音大部分直播粉丝都是通过关注主播的短视频作品，进而被吸引到直播间来的。

图 3-72 关注主播

细心的“抖友”不难发现，不论在排行榜、互动区，还是关注区，都出现了“粉丝团”的提示。通过关注主播，只能成为直播间的“一般粉丝”，可以理解为“路人粉”，不具有稳定性。加入“粉丝团”的则是核心粉丝，也就是“铁粉”，长期、稳定地观看直播。

步骤 01 点击“粉丝团”按钮，跳转到加入窗口。点击下方“加入Ta的粉丝团（60抖币）”消耗抖币并完成加入。粉丝团成员通过观看直播的时长、互动聊天的频率和礼物累计价值，获取亲密值（图 3-73）。

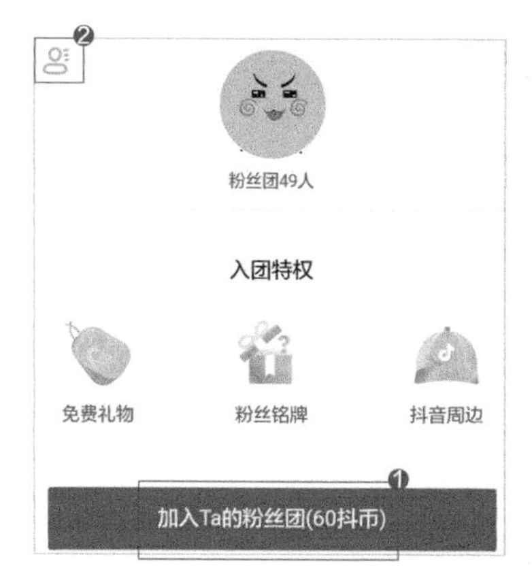

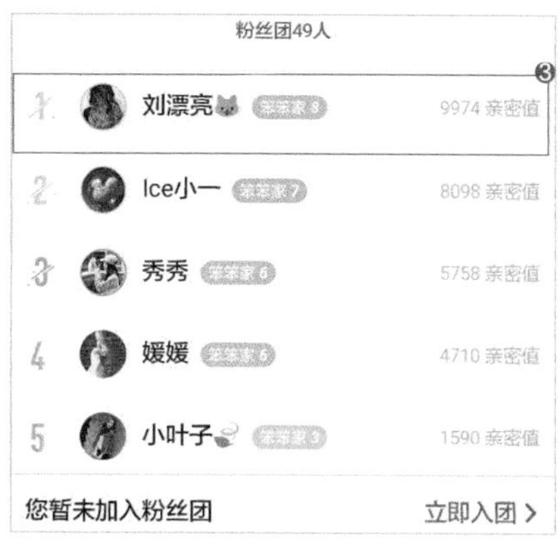

图 3-73 加入“粉丝团”

步骤 02 “粉丝团”成员可以点亮三个特权：定期免费赠送小额礼物，粉丝铭牌升级，以及获赠一些抖音周边产品。

【小抖知道】

关于“粉丝团”。这个群体并不是一锤子买卖，如果长期不关注直播或没有互动，亲密值将会在一定程度上下降，并不是送的礼物多就能稳定靠前的。另外，加入“粉丝团”的门槛可以由主播设定，一般在60抖币以上，即一次充值的最低限额。

【“抖友”分享】开启未成年人保护模式

为防止未成年人沉迷抖音，保护他们的身心健康。抖音上线“未成年人保护功能”（图3-74），包括防沉迷的“时间锁”和防止盲目消费的“青少年模式”。

图 3-74 未成年人保护

点击“时间锁”或“青少年模式”按钮进入设置界面（图 3-75）。“时间锁”可以以30分钟为单位设定触发时限，最长不超过2小时；“青少年模式”则能够屏蔽部分内容与功能。

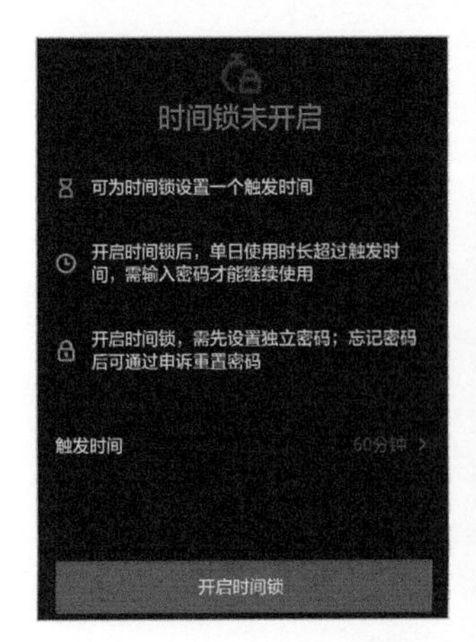

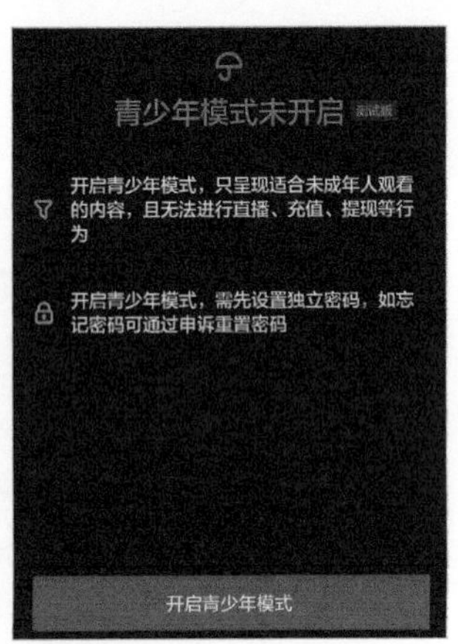

图 3-75 设置保护

输入独立密码，点击“箭头”符号完成设置，即可开启未成年保护模式。

图 3-76 设置独立密码

第 4 章

亲身体验

“记录美好生活”——抖音短视频的标语告诉我们，看抖音不如玩抖音。想要体验抖音真正乐趣的“抖友”们何不拿起手机，制作属于自己的短视频呢？或许以往我们不敢去想象，自己该怎么样去拍摄一段视频。而现在，有庞大的音乐库、丰富的模板和有趣的特效，我们需要的只是展示自我的勇气和释放压力的决心，以及一点点奇思妙想。

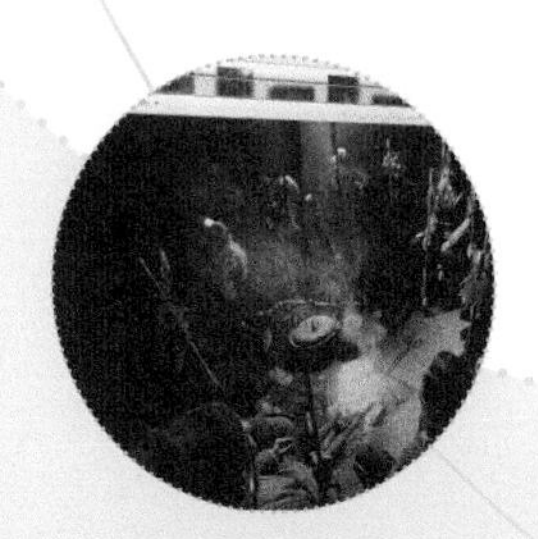

4.1 录制第一个视频

其实从注册登录开始，抖音短视频App一直都在“引诱”我们进行视频拍摄（图 4-1）。在观摩了大量“达人”的佳作之后，不少“抖友”都会选择自己来尝试一下。从统计数据来看，最为常见的两种录制“初体验”是随手拍和模仿秀。前者尝试的意味更浓，以宠物和风景为主要拍摄目标，以熟悉操作为目的；后者则是热衷于积极尝试各种剪辑和特效。我们不妨从简单的随手拍开始。

图 4-1 点“+”开拍吧

4.1.1 第一步：选择背景音乐

进入拍摄界面的方法不必多说，抖音已经提示到让我们“不胜其烦”了。点击“+”按钮，正式开始我们的第一次视频拍摄之旅。作为音乐短视频，背景音乐自然是不能少的，其甚至能够影响到拍摄视频的思维节奏。我们已经了解过怎么样通过短视频寻找音乐拍同款，那么，如果要从零开始拍摄，又需要进行什么样的具体操作呢？其实抖音已经提供了很好的引导。

步骤 01 在拍摄界面顶部找到并点击“选择音乐”按钮，跳转到“更换配乐”界面。点击“更多13个”可以打开完整分类，选择所需分类，如“生活”（图 4-2）。

图 4-2 抖音配乐分类

步骤 02 进入类别详单，可以看到每首背景音乐的名称、时长。找到并点选自己需要的背景音乐，在选择确定之前，也可以点击音乐右侧的“五角星”按钮进行收藏，以便下次使用。点击弹出的

“确定使用并开拍”，返回拍摄窗口，此时顶部显示音乐，设置完成（图 4-3）。

图 4-3 收藏与选择

步骤 03 在无法找到合适的音乐时，可以通过“搜索栏”键入关键词进行搜索，并重复上述步骤（图 4-4）。

步骤 04 找到合适的音乐后，录制窗口右侧会增加一个“剪音乐”按钮，点击可进入音乐剪取。时长超过15秒录制上线的音乐，可以通过拖动黄色按钮选择需要的部分，并点击“对钩”符号完成剪取（图 4-5）。

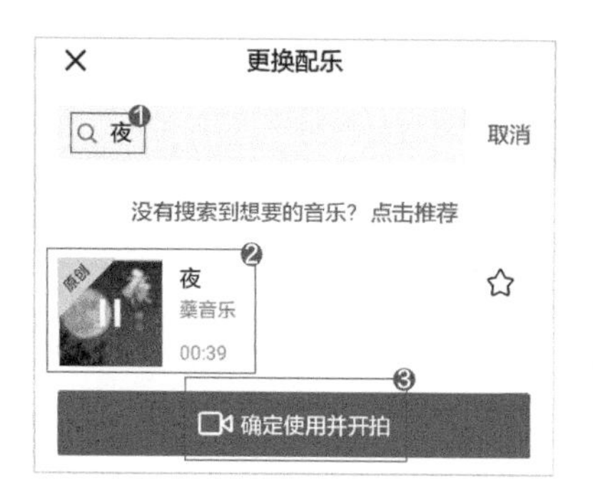

图 4-4 搜索关键词并选择

图 4-5 剪取音乐

在开始拍摄前，背景音乐可以随时更换。只需要点击窗口顶部按钮，重复以上步骤即可。

【小抖知道】

抖音短视频添加的音乐时长是拍摄视频长度的上限。换言之，如果音乐长度为10秒，则能够拍摄的上限并非为15秒，而是10秒。因此，在选择音乐时，可以挑选一些15~20秒的音乐，以免影响到自己的拍摄时长。如果音乐过长，只需要剪取一下即可。

在音乐类型中，有些比较特殊，例如“搞怪”一类中，就有一些不能算是音乐，而是一段语音对话。如果想要拍摄对口型的视频，就需要选择这些特殊“音乐”。然后，只需要开始拍摄，跟着节奏模仿说话即可。为了体现真实感，不用刻意只动嘴而不发声，声音后期可以去掉。

4.1.2 第二步：确定拍摄的模式

确定好音乐之后，还需要选择拍摄的模式。从快门的选择上来说，可以分为拍照、单击拍摄和长按拍摄三种模式，分别适用于“抖友”们不同的拍摄需求。

1. 拍照模式

顾名思义，拍照并非短视频拍摄，只是单纯的拍照。在窗口底部滑动选择“拍照”，当“快门”按钮变为白色时进入拍照模式（图 4-6）。该模式下依然可以使用所有道具，但并不具备动效效果。此外，音乐、特殊快门等功能都处于不可用状态，只可以切换前后摄像头、选择美化效果。

拍照模式的主要作用就是借助抖音的道具和滤镜，一般用于自拍。该模式下的成品依旧会作为我们的作品被保存和发布，但会打上“照片”的标签，不与视频一样在推荐页出现，只能通过主动关注和搜索账号才能被看见。这种静态模式被很多“抖友”用来制作视频、直播的封面。

2. 单击拍摄

点击一次红色“快门”按钮即可进行连续拍摄，直到15秒时间消耗完或再次点击“快门”按钮暂停。该模式同样在窗口底部滑动选择（图 4-7），这是最常规的一种拍摄模式。可以在拍摄过程中使用所有道具、镜头特效以及完整的背景音乐。

图 4-6 选择拍照模式

图 4-7 选择单击拍摄模式

单击拍摄适用于拍摄连贯性强的镜头，通常选择一镜到底；几乎可以满足所有视频的拍摄需求。此模式的“快门”不具备除了暂停之外的其他功能，如果需要在拍摄过程中暂停，再次点击“快门”按钮即可。叙述式、记录式以及各种展示，都可以采用此种模式。

3. 长按拍摄

长按拍摄是较为特殊的一种视频拍摄模式，操控性强。滑动选择此种模式后（图 4-8），按住“快门”按钮可以进入拍摄，松手则停止，更有镜头感，适用于多段拼接的拍摄手法。与单击拍摄拥有相同道具、特效使用权限，只有快门控制方式不同。

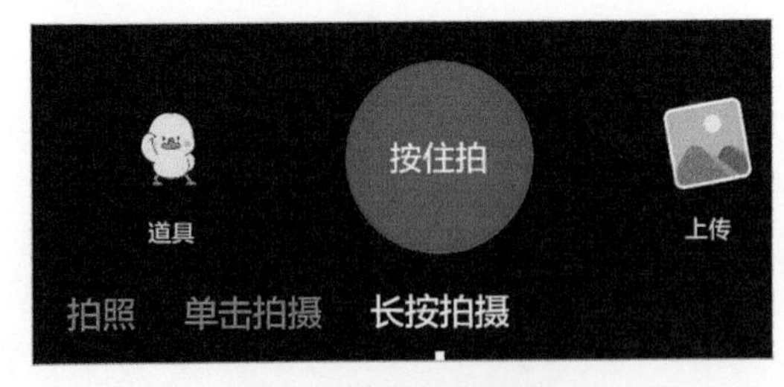

图 4-8 选择长按拍摄模式

长按拍摄模式下，可以用手上下左右推动“快门”按钮。向屏幕上方推动可以拉近，向下方则是将镜头拉远；左右推动可以小幅度调整镜头偏向。创意视频的拍摄，一般会选用长按拍摄的模式，以便于分段拍摄和更加细腻地掌控镜头。

【小抖知道】

通过“翻转”按钮，还能够切换摄像头。抖音拍摄的主角一般是“抖友”自己，因此抖音默认选择的是前置摄像头。另外，切换到后置摄像头，一般会多出闪光灯的选项。“抖友”们可以根据自己的需求进行选择，如在明亮的室外可以选择关闭，也可以配合各种滤镜使用。

4.1.3 第三步：开始拍摄短视频

“心急吃不了热豆腐”，我们不要一上来就想着能够拍出各种炫酷的效果。脚踏实地，先从基本的拍摄技巧开始学习。我们可以按照拍摄的主题分为三类拍摄：动物、静物、创意，每一种主题有自己关于镜头、距离、手法上的要点。掌握好这些技巧，才能为之后的复杂拍摄打下基础。

1. 动物拍摄

这里的“动物”可以简单理解为自身会动的主体，如人、宠物，甚至街道的车水马龙。由于需要展现主体“动”的特性，就需要镜头相对来说是“静”的，也就是固定镜头。最为典型的是“抖友”展示歌舞等才艺时，如果镜头频繁换位，除了因抖动破坏画面之外，还会造成主题不明确、线索不清晰等问题。要知道，抖音短视频本来就只有短短的15秒时间。

一般来说，用于固定镜头的器材主要有三脚架、手机支架和自拍杆等（图 4-9）。当然，对于自信手稳的“抖友”来说，手持拍摄问题也不大，毕竟时长有限。当然，这里所说的固定是相对的，毕竟不是所有的拍摄主体都能够乖乖配合我们，待在镜头里面。

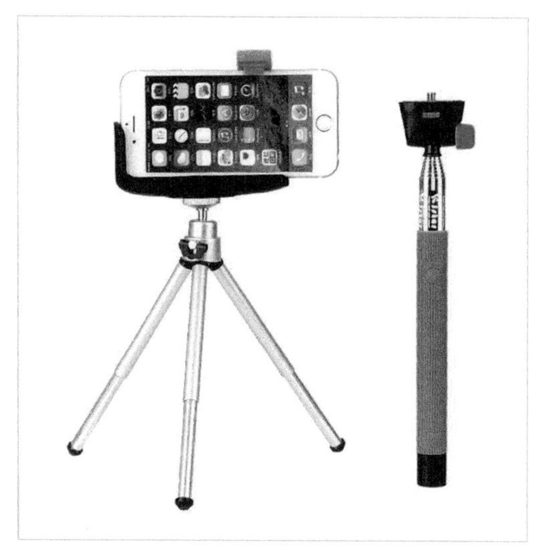

图 4-9 镜头固定器材

解决了镜头固定的问题，接下来还需要调整角度和距离，也就是所谓的构图。

其一，按角度可以分为俯角、仰角、平角三种。

俯角拍摄可以展现主体的娇小可爱（图 4-10），在拍摄猫狗等宠物、小孩子和较小的女生等单个主体时可以使用。注意控制角度，拍摄宠物和小孩，可以采用60°~90°俯角；而拍摄成年人或大型宠物时则需要控制在30°~45°之间，角度较小可能会显得矮小或臃肿。

仰角拍摄则刚好相反，可以用来放大主体的局部特征，如修长的双腿、伟岸的气质（图 4-11），在拍摄大型动物、模特、团体时可以使用。仰角一般不超过30°，否则会导致画面比例失真，或者整体构图不协调。当然，对于某些特殊主体，也可以90°平躺仰角。

图 4-10 俯角拍摄

图 4-11 仰角拍摄

平角拍摄需要注意的并不多。第一个是视平线，拍摄的主体不管是什么，都需要与其保持相对平齐的高度，拍摄者可以通过下蹲、垫高等借位的方式来实现。第二个是聚焦，平角拍摄最好能够将主体置于屏幕中央位置或左右四分之三，否则会造成主体不明。

其二，距离自不必说，就是远近了。

远距离通常用于展示全貌、多主体，如多人舞蹈、城市的车流等。

近距离通常用于展示细节、单主体，如人物半身、弹奏吉他时的手部细节等。

2. 静物拍摄

通俗地说，视频与照片的区别就在于会动。很多“抖友”也会拍摄花草树木等，展示秀丽风光。这些不太会动的主体，如果再加上一动不动的拍摄，那就会让短视频这个概念失去意义。静物拍摄的构图原理与动物拍摄没有什么不同，需要注意的是如何让镜头动起来。

其一，拍摄者的位移。这是最“简单粗暴”的方式，通过旋转或水平位移，让我们自己动起来，从各个方位和角度去展示静物的全貌，或制造连续地镜头效果。

旋转位移多用于单个主体的拍摄，如树木（图 4-12）等，可以通过旋转，制造出主体的立体感，让主体变得丰富起来。

水平位移简单来说就是由远及近或者由近及远，如拍摄桥梁、道路（图 4-13）等，可以通过移动，让主体变得更有空间层次感。

图 4-12 适用于旋转位移

图 4-13 适用于水平位移

其二，借助于参照物。与上一点类似，不过并非拍摄者自己移动，的是借助镜头中移动的物体，如铁路上远去的火车、道路上走来的人群等。值得注意的是，参照物很容易喧宾夺主，切忌让参照物自始至终停留在15秒的镜头内。例如，拍摄铁路，就要抓住火车从有到无，而不是从近到远。

3. 创意拍摄

前面两种拍摄都是一镜到底、延续性镜头占主导的拍摄，拍摄方法也较为简单，只要能够掌握好构图和位移的方法，就能拍出不错的小视频（当然，少不了合适的音乐）。但如果想要给人眼前一亮、意想不到的效果，就需要使用长按拍摄，进行片段式地拼接了。

很多创意并不需要什么花哨的特效，利用暂停和镜头转换就能实现。例如，物体消失的小魔术，只需要在展示了物体之后，通过暂停（图 4-14），将物体移除到镜头外，再次暂停，重新移进来，几次重复就能够完成了。当然，这只是最简单的一种应用。

图 4-14 白点代表视频暂停

【小抖知道】

在拼接镜头拍摄的过程中，请尽量选用比较好定位的参照物，否则可能会因为参照物位置移动而造成顿卡和“瞬移”的效果，这样一来创意就变成滑稽了。

4.1.4 第四步：预览并选择保存

完成了初步拍摄之后，不妨先来看看效果。抖音支持对拍摄完成的视频进行预览和保存为草稿，如果对自己的作品不满意，可以先保存为草稿，再进行修改和重制，直到选出自己最满意的为止。那么究竟如何对作品进行预览和保存呢？这是接下来的重点。

步骤 01 完成拍摄后，屏幕右下角出现两个按钮，分别是“叉子”和“对钩”。点击“叉子”按钮可以删除当前拍摄的视频（图 4-15），而点击“对钩”按钮则可以进入下一步，即预览界面。

步骤 02 在预览界面，拍摄完成的视频将会循环播放，“抖友”可以反复查看，对其进行修改，或点击“下一步”按钮（图 4-16），进入保存和发布页面。

图 4-15 完成拍摄　　图 4-16 视频预览

步骤 03 在保存和发布页面中，拍摄的视频默认被保存到本地，点击“保存本地”也可将其取消。若决定暂不发布视频，还可以点击“草稿”按钮，将其保存为草稿（图 4-17）。

步骤 04 被保存为草稿的视频可以在个人主页中进行查看，点击预览页中的“本地草稿箱”打开，可对该视频草稿进行编辑与删除（图 4-18）。

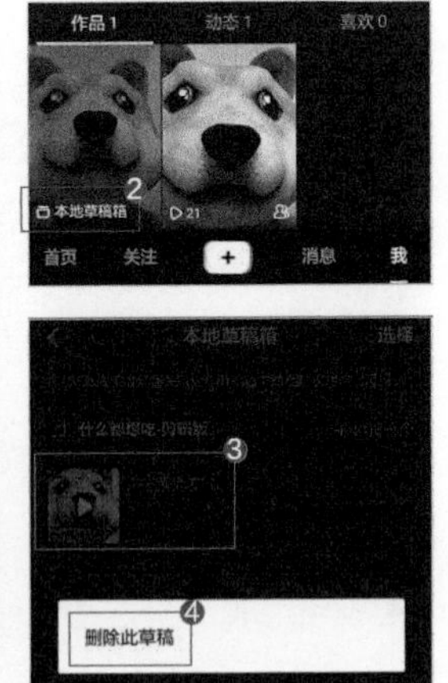

图 4-17 保存草稿　　图 4-18 查看编辑

被保存的草稿可以再次进行编辑，在编辑过程中的操作不会影响草稿本身。

【小抖知道】

被保存为草稿的视频仅自己可见，不被计入作品数量之中。若抖音App被卸载，草稿保存也会失效。而本地保存会将视频文件导出为可查看的格式，保存在手机的相册之中。保存本地的功能无法单独执行，需要点击“发布”按钮后，才会自动保存。

4.1.5 第五步：发布你的短视频

将视频修改到自己满意之后，就可以在发布页面进行视频发布了。作为自己的第一个正式作品，还有哪些需要注意的地方呢？标题、提醒和可见范围，是三个必须编辑的元素（图4-19）。

图 4-19 发布必看的三个因素

1. 起一个好名字

视频的标题并不是随便编辑一下就可以了事的，我们都知道，抖音短视频被看到的两种方式分别是平台推送和主动搜索，都是离不开关键词的。标题就是视频的核心关键词，平台会根据视频的标题分门别类进行精准推送，而“抖友”们也热衷于热搜词。

对视频标题的一般要求是易用易搜、分类精准、覆盖广泛。

（1）易用易搜。词汇尽量简单不复杂，选取日常生活用词，避免生僻词。

（2）分类精准。对视频内容进行定位，如舞蹈、卖萌、搞笑等。

（3）覆盖广泛。可以将词汇编辑为多段，如手势舞、宠物卖萌，关键词越多，覆盖面越广。

2. 提醒好友

想要视频迅速积攒人气，离不开好友的支持。点击“@好友”按钮（图4-19），可以进入“召唤好友”列表，点选我们想要提醒的好友（图 4-20），被选中的好友昵称会出现在标题栏中（图 4-21）。提醒的好友不宜过多，一般在3个以内，以免造成标题栏的混乱。

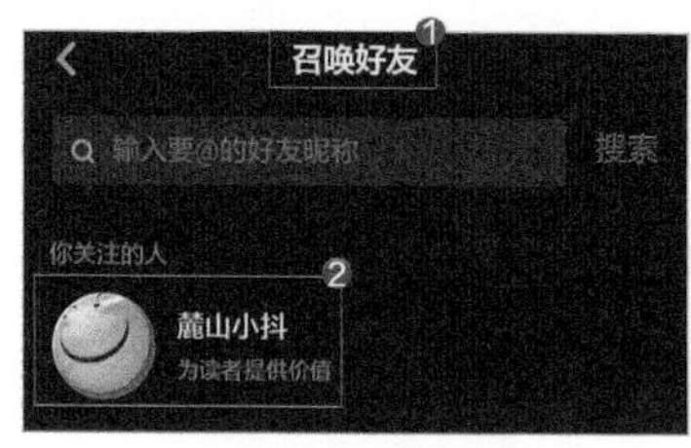

图 4-20 “召唤好友”

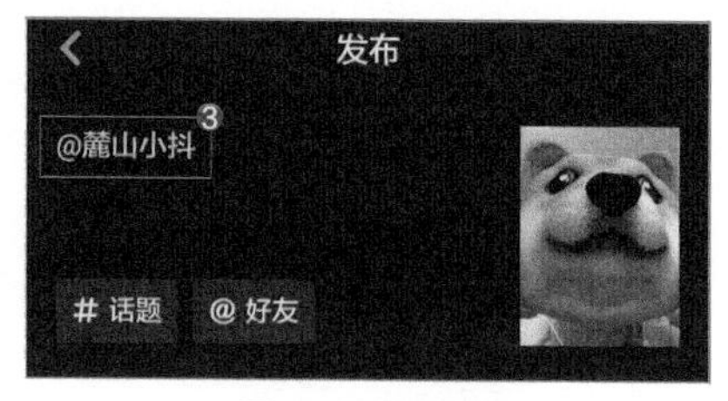

图 4-21 显示昵称

3. 选择谁可以看

抖音短视频发布前是可以设定可见范围的，默认的选项是“公开”，可见范围是所有人。在积攒人气的阶段，自然是让越多的人看见越好。但是，并非所有拍摄视频的“抖友”都是为了人气，也有不少是为了娱乐。这种情况就可以选择“好友可见”，只有与自己互相关注的朋友，才能看到视频。另外，也有不少“抖友”拍摄视频只是想记录生活的点滴，并不想分享给其他人看，这个时候就可以选择“私密”。

设置的方法很简单，在发布页面（图4-19）点击“谁可以看”一栏，进入详情页面，点选自己所需要的可见范围，即可完成（图 4-22）。

所有的视频都会被保存在作品栏中，那么如何区分视频权限呢？在作品预览中点击视频进入播放页面后，在左下角可以看到诸如“公开”“好友可见”“私密”等标签。如果需要修改，可以通过点击屏幕右侧的“菜单”按钮，在弹出的窗口中点击“将视频设为公开”（图 4-23）。

图 4-22 选择“谁可以看”

图 4-23 修改权限

【小抖知道】

在个人作品栏中，视频的预览界面左下角，可以看到一个数字，这就是视频被查看的次数。不过我们自己点击查看视频也会被计入次数，在人气较弱的时候，这个数字并不能代表什么，但人气积累起来之后还是相当具有参考价值的，毕竟自己再怎么样点击也不至于看几万次。

【“抖友”分享】倒计时的实用效果

在拍摄窗口中，我们可以看到一个带有数字3的“倒计时”按钮，并不属于“快门”“滤镜”“特效”等功能范畴。倒计时按钮有两个作用：其一，点击“倒计时”按钮开始拍摄，会出现3秒延迟；其二，可以在拍摄前为自己的视频选择一个暂停位置（图 4-24）。

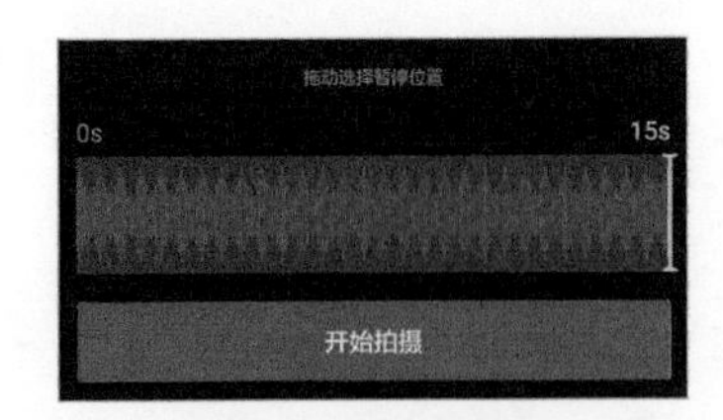

图 4-24 拖动选择暂定

4.2 你的第一次剪辑

拍摄过程其实算得上是抖音短视频制作中最为简单的环节，想要各种炫酷的效果，后期剪辑绝对是绕不过的。很多有过拍摄经验的“抖友”都知道，没有浑然天成的拍摄，只有用心良苦的剪辑。抖音是集合了视频拍摄和剪辑于一体的软件，这一点我们从预览页面就可以了解到（图 4-25）。

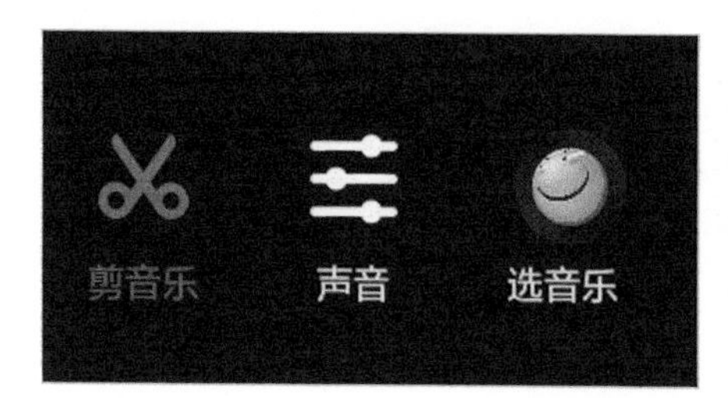

图 4-25 预览页面的后期剪辑按钮

4.2.1 有空白：音乐长度可剪切

在录制视频的时候，我们已经简单地介绍过音乐长度剪辑的方法，此处不再赘述。那么音乐剪辑需要注意些什么呢？不妨来对剪取区域（图 4-26）进行一个深入的分析。

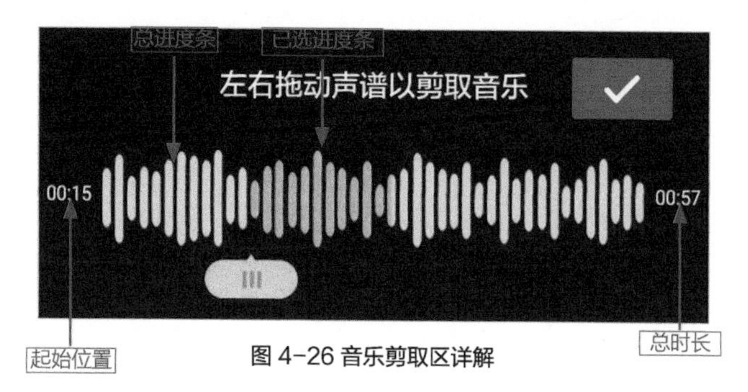

图 4-26 音乐剪取区详解

1. 剪取区域

整个区域可以分为总进度条、已选进度条、总时长及起始位置4个模块。

（1）总进度条

关于进度条，需要澄清一个易误解的点。进度条的“波纹起伏”并不是我们认知中根据声音的大小或高低而形成的可视化起伏，而是抖音的固定模板。也就是说，抖音并不支持“看声音起伏”来进行精确剪取的高端操作。从什么地方开始比较合适，依然需要我们自己判断。

（2）已选进度条

白色的总进度条中，黄色高亮的部分就是已选进度。通过与总进度条的对比，可以很直观地看到目前选取的部分位于整首背景音乐的哪个位置，是整个区域的操作核心。

（3）总时长

总时长代表的是背景音乐的可用长度，只要超过了15秒，无论总时长为多少，也只能剪取15秒。

（4）起始位置

已选的部分从音乐的哪一秒开始，这一秒就是所谓的起始位置。数字化的显示，能让我们更直观地看到剪取过程中的变化，抖音自带的剪取只能精确到秒。

2. 剪取原则

受限于时长，背景音乐的剪取需要遵从以下原则。

（1）避免空白

音乐剪取的初衷就是避免声音空白的部分，一首完整的歌曲，从开头、高潮、转调、结尾，不可能全程都是精华部分，而是会存在一定程度上的声音空白或低谷。抖音短视频的节奏极快，可谓是“一寸光阴一寸金”，并没有时间让空白部分挥霍。

在剪取音乐时，选好起始位置后，需要听完这15秒的自动播放，确保已选部分不存在空白。

（2）起调完整

不少背景音乐都不是纯音乐，有歌词存在。我们很难确保15秒刚好能把一段歌词完整选入，这种时候就选择迁就起调。过于高亢、突兀和不完整的起调会给观众带来很不好的第一印象，在“刷”的过程中直接被淘汰。反观结尾，就不是那么重要了，戛然而止影响并不算太大。

【小抖知道】

在选取音乐的过程中，尽量选用时长为15秒的音乐，它们绝大多数都是已经被剪辑过，是有头有尾的完整音乐。另外，点击别人视频中的“音乐”按钮选择拍同款，也可以避免剪取音乐的麻烦，抖音会默认使用我们选择的同款视频中音乐的剪取位置。

4.2.2 有杂音：混音大小能调节

背景音乐太大，人声都听不清了？街道环境太嘈杂，影响了音乐的美感？在录制短视频的过程中，相较于画面，声音方面才是我们最常见的麻烦所在。这个时候，就要用到混音调节了（图4-27）。在预览页面点选“声音”按钮，弹出声音调节区域。

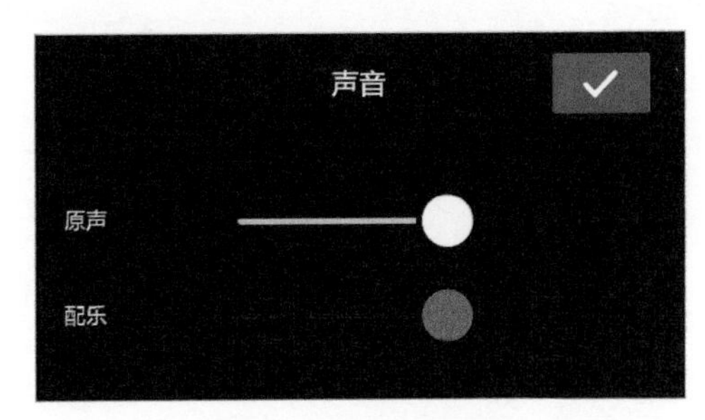

图 4-27 声音调节区域

1. 调节区域

在此区域可以看到“原声”和“配乐”两个调节项目，这种多个音轨混合调节，并整合输出为一个音轨的方法，叫做混音。抖音默认原声与配乐音量相等。但通常情况下，原声与配乐只能有一个作为视频的主导，原声主导的往往是教学、段子等；配乐主导则占据大多数类型。

（1）原声

在视频录制的过程中，通过手机麦克风采集到的所有声音，统称为原声。在录制过程中，难免会混进去一些其他嘈杂的声音，诸如环境音、喷麦音等。

（2）配乐

系统自动添加的背景音乐不会受到外界声音的影响，是单独的音轨。不论原声嘈杂到什么程度，都不会影响到配乐的清晰度（并非我们听到的，而是系统中的）。

2. 调节原则

根据主导声音的不同，选择加强或弱化其中一条音轨是混音调节的主要方法。不过值得一提的是，我们在调节区域看到白色圆点（图4-27）处在声音条中间的位置，并不是说此时两个音轨的声音大小处在50%的状态，而是真实大小。

（1）能减就不增

声音调节中，“铁打的原则”就是尽量避免增强声音。因为声音的增强，往往是伴随着放大声音中的噪点。举个例子，我们拍摄一张600像素×800像素的照片，缩小并不会影响清晰度，但是放大绝对会在一定程度上造成模糊，声音也一样存在音质模糊的问题。

抖音短视频基本都是随手拍摄的，很少有人特意为了拍摄15秒的视频去找一个安静的环境，甚至是录音棚。加上手机麦克风采集到的原声，音质并不会太好，而增强会让声音变得更模糊。另一个方面，大于真实音量的声音，可能会造成听觉不适。

（2）能有尽量有

其实，我们在拍摄短视频的时候，并不一定会选择添加背景音乐。尤其是某些教学视频，观众需要听到清晰、准确的原声，以确保学习内容不会出现偏差。因此，在录制这一类视频的时候，很多“抖友”选择不加音乐，这是一种比较粗糙的做法。

再次强调，原声采集一定会存在某种程度上的噪声，在使用手机“公放”声音的时候，可能不会有太大的影响，但戴上质量较好的耳机，这种噪声就会被放大很多倍。最好的处理方法就是选择轻柔舒缓的背景音乐，将配乐的音量调到足够小即可。

【小抖知道】

调节混音尽量用耳机配合，人的耳朵接受声音信息的范围比较广，在“公放”环境下，会因为环境本身的杂音给调节混音带来很多麻烦。不过要注意的是，戴耳机的前提下，需要缓慢增加音量，不要一次拉到最大倍数，以免对自己的听力造成损害。

4.2.3 不满意：多种滤镜可更换

滤镜对拍摄的重要性，已经到了可以用“无滤镜、不拍摄”来形容的地步。合适的滤镜能够为视频带来更丰富的色彩，抖音短视频的滤镜可以在拍摄窗口右侧点击“美化”按钮打开。

1. 滤镜种类

抖音的滤镜主要分为人像、风景和新锐3种，分别侧重于对色温、平衡、对比度的调整。

（1）人像滤镜

人像拍摄主要使用前置摄像头，光线不充足，且无法用闪光灯进行补光，因此人物拍摄时会显得脸部较为灰暗。点击选择白皙、慕斯等滤镜效果（图 4-28），系统通过对色温的调节，让面部皮肤达到增白、红润、饱满等不同的效果。肤质和环境光的不同，所需选择的滤镜也不尽相同，建议“抖友”们根据预览对各种滤镜滑动点选，逐一尝试，直到自己满意。

色温与光线强弱关系较大，在光线充足甚至显得强烈的时候，可以选择“冷系”滤镜；反之则可以选择“暖系”滤镜。注意，在一部分情况下，在打开人像滤镜后可能存在噪点增多的情况。这是由于色温调控，以及轻微地画质增强，放大了光线不足所带来的影响。可以更换到后置摄像头，采用他拍的方式进行一定程度上的弥补；或者在光线充足、明亮的环境下拍摄视频。

（2）风景滤镜

与以人为主体的拍摄不同，风景通常采用他拍手法，多为户外拍摄。因此，多数时候，会因为光线不同而造成色差，景物在一定程度上会失真。风景滤镜主要调节镜头的白平衡，有鲜艳、纯真等（图 4-29）效果，通过预览可以看出色差变化较小。这是因为风景滤镜的主要原理就是针对不同的光线平衡，让景物恢复到更为自然的状态。风景滤镜的设置手法与人像滤镜相同，通过滑动点选。

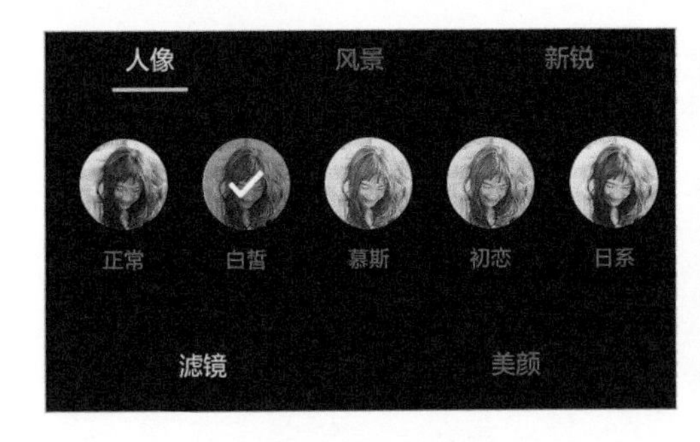

图 4-28 人像滤镜

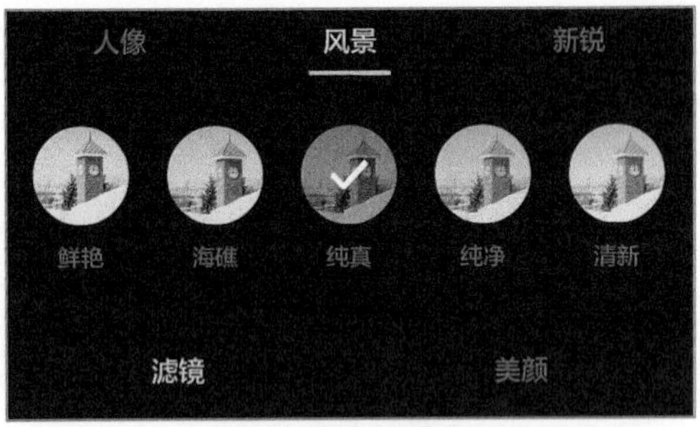

图 4-29 风景滤镜

（3）新锐滤镜

这种滤镜也可以算是个性滤镜，主要是夸张地调节镜头下的对比度，从而得到复古、反差、单色等效果，能够对观众的视觉造成强烈的冲击（图 4-30）。这种强烈的镜头效果，比较适合用来拍照，而不太适合视频拍摄，延续性的镜头反而会让人感到不适。

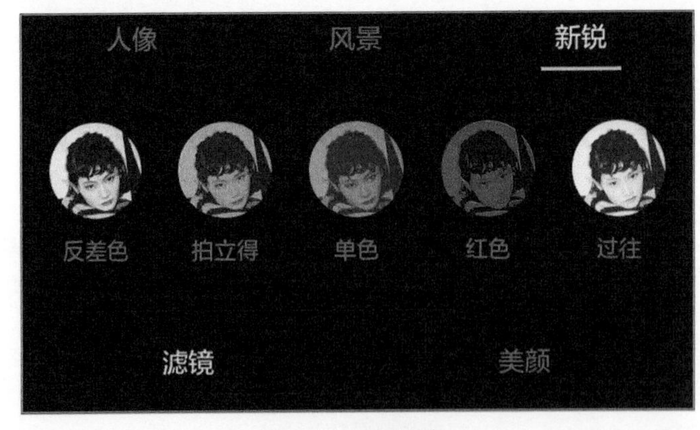

图 4-30 新锐滤镜

2. 美颜效果

在抖音拍摄中，以人为主体的情况最多，这就自然少不了美颜工具。适当的美颜可以减少面部瑕疵，让视频看起来更加完美。核心的美颜功能主要有磨皮、瘦脸、大眼（图 4-31）。

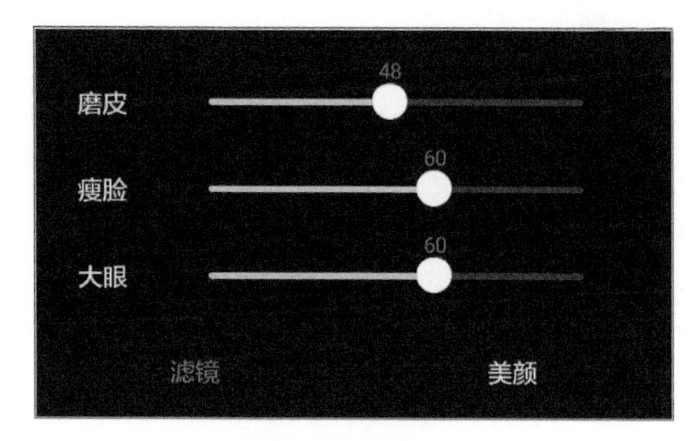

图 4-31 美颜功能

美颜的原理就是通过面部捕捉，对整体和局部进行微调。

（1）磨皮

这是精准的色温、白平衡调节，给予镜头中的面部光线增强效果，让面部看起来更加白皙，同时也遮盖掉面部一些瑕疵。抖音的默认磨皮指数为48，也就是说，在不进行设置的情况下，抖音已经自动为我们进行了美颜。指数不宜超过70，过分磨皮，会让皮肤极度红润且失真。

（2）瘦脸

瘦脸的效果主要集中在下颚骨，也就是集中收束下巴和脸颊，让人脸显得更瘦、更尖。抖音的默认瘦脸指数为60，收束的弧度较为自然。指数越高，这个弧度会越大，也就会导致下巴突然变窄，会让脸型看起来极为不自然。瘦脸指数尽量控制在60以下，不要过分追求“骨感”。

（3）大眼

如果说瘦脸的效果是“收”，那么大眼的效果就是“放”。集中在额头及眼部四周，将弧度放大、拉宽，让人的眼睛看起来更大。抖音的大眼指数默认也是60，大眼的效果其实并不算明显，但在同时使用瘦脸效果时，建议将大眼默认数值微微下调，这样面部看起来才会更加匀称。

【小抖知道】

其实抖音美化镜头的程度较轻，因为拍摄视频与照片不同，每一帧画面都要进行捕捉，如果人脸动作较快的话，可能会出现捕捉不及时，导致美颜效果“瞬间丢失”，这样拍出来的视频就尴尬了。捕捉的丢失主要是由镜头的延迟造成的，毕竟手机并不是专业级的拍摄工具。

4.2.4 定主题：关键一帧做封面

由于抖音拍摄的题材广泛，创意也是层出不穷的。执着于讲解某种或几种视频的拍摄案例，并不利于“抖友”们的临阵发挥，有需要的“抖友”大可以根据手法和原理，制作自己想要的效果。不过，抖音视频制作的环节，也有比较“千篇一律”的，如选封面。在视频预览界面，可以看到“选封面”的按钮（图4-25），点击可进入封面选择界面（图 4-32）。

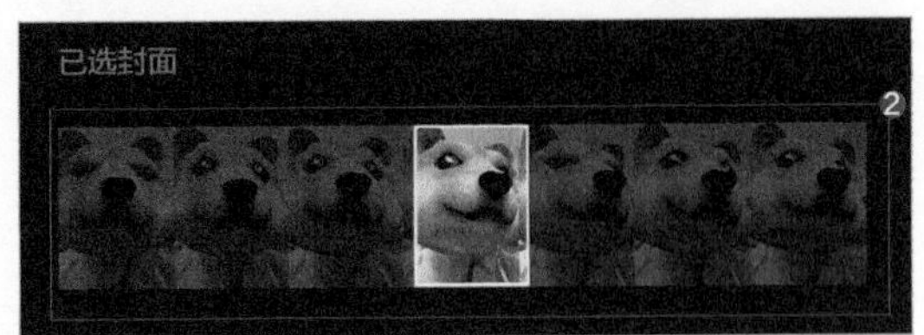

图 4-32 选择封面

在界面底部拖动白色的方框，可以框选想要作为封面的一帧画面。选好的封面会在界面正中央的预览窗口中展示，确认无误后点击右上角的“完成”按钮，即可将选中的一帧作为封面。值得一提的是，抖音视频封面并非是通过截图的方式生成的，因此也不存在动态模糊导致截图不清晰的情况。

操作虽然简单，但选择作为封面的图，也要遵循一定的原则。

（1）代表性

作为封面，一定要能够集中反映视频主题。可以选择最具有代表性，即涵盖了主题元素的画面。例如，制作一个物品消失的魔术短视频，所需要“消失”的物品可以作为封面。也可以是出现最多的画面，例如，卖萌、宠物等相关视频，可以把画面中重复性最强的表情作为封面。

（2）完整性

封面图片忌讳不完整，如跳舞、才艺展示等，需要移动和折叠身体部位，导致一部分显示不出来而缺乏美感，这样的封面看起来会让人觉得不适，不建议使用。

（3）充实性

封面图不能太空，最好有一个明确的主体，占据屏幕的五分之三左右。这样既能突出视频内容的主体，也能够让封面显得更饱满，暗示内容丰富。

（4）遵规守法

不能为了吸引眼球，特意拍摄含有暴露、色情等元素的封面，否则肯定会被封禁。

【小抖知道】

如果视频中没有好的选择，不妨在录制前选择某张照片，为其单独拍摄一帧与整个视频进行合成。建议将此照片放在视频的开头，点击播放后能够自然而然地被“忽略”，这样是最不显得突兀的。

4.2.5 定分类：设置地标与话题

万事俱备，只欠东风。做好了一切的准备，在发布视频之前，还可以对其进行“包装”，让整个视频包含更多的信息量。在保存和发布页面中，我们尚且没有用到的功能按钮，还有地标、话题两个。前者可以更好地吸引同城“抖友”的眼球，也能够引起更多人的好奇；后者则可以“蹭热度”，通过同类热门话题让自己的视频更容易被人发现。

步骤 01 在视频保存和发布界面的“地址栏”点击推荐位置，如“正宗津市牛肉粉馆”；或点击“添加位置”按钮，打开“添加位置”界面。在按距离推荐的列表中选择，也可以通过搜索位置进行精准添加（图 4-33）。若不想暴露更多个人信息，也可以选择“不显示”。

步骤 02 返回上一界面后，点击“#话题”按钮，弹出当前热门话题以供选择。若想发起新话题，则在标题栏中的“#”符号后面输入内容即可（图 4-34）。完成后就可以点击“发布”了。

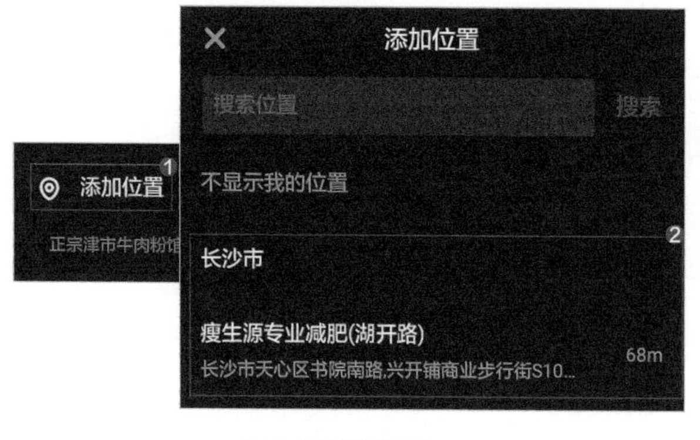

图 4-33 添加位置　　图 4-34 设置话题

【小抖知道】

当抖音发布的内容设置为私密时，的确只有自己能够看到视频内容。但这并不意味着可以用私密视频制作和储存一些违法违纪的内容。若抖音后台发现有“抖友”通过频繁切换“私密”和“好友可见”来违法、违规贩卖视频内容，也会立即采取措施进行封禁。

【“抖友”分享】长视频录制的权限

很多都有觉得15秒的时间太短，所要表达的内容太多，根本不够用。其实，如果我们能够达到官方认可的标准，也可以申请开通最长1分钟的视频录制权限（图 4-35）。

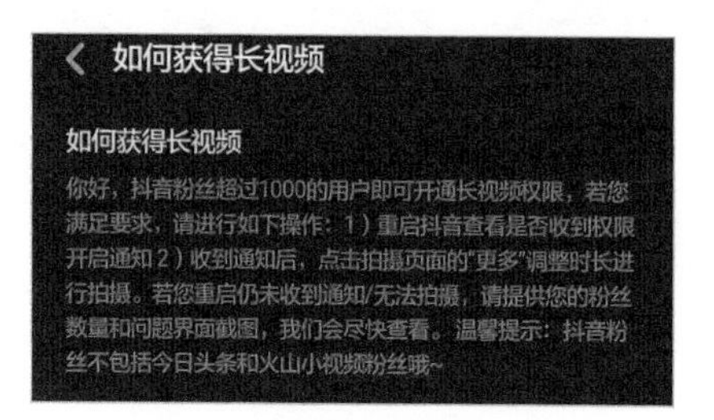

图 4-35 长视频权限开通条件

抖音会在每周五进行审核，审核通过就可以开通抖音长视频权限。开通长视频权限的条件：（1）粉丝1000个以上；（2）除了抖音粉丝数量外，已上传的视频也要求内容原创且优质。如果符合标准，只需要重启抖音App，就可以在拍摄窗口的“更多”菜单中选择调整时长。

如果达到标准依旧无法获取权限，我们可以截图证明已达标，并发送至抖音小助手或官方邮箱。

4.3 经营第一位粉丝

由于抖音的推荐机制比较合理，如果视频质量过关，一般在视频发布后的10分钟左右，就可能会拥有自己的第一位粉丝了。渐渐地，其他“抖友”也会出于对我们视频的认可而进行关注。在粉丝数量逐步上升之后，就要开始关注粉丝群体的运营了。良好的运营，可以将自己抖音账号的价值最大化，从而形成引流的良性循环。从第一位粉丝开始，学习经营粉丝。

图 4-36 迎来第一位粉丝

4.3.1 管理：消息界面查看更新

任何关注动态都可以在“消息”界面查看和处理（图 4-37）。点击底部菜单中的“消息”按钮，在跳转的界面中可以看到来自官方和粉丝的消息不断更新。其中，粉丝、赞、@我的、评论是消息管理页面中最重要的4个动态，几乎涵盖了粉丝运营的全部基础操作。

1. 粉丝

通过视频界面点击“头像”或搜索个人信息页点击“关注”的人，就成为了我们的粉丝。每当有人关注，消息界面中的“粉丝”图标就会提示此次新增人数，点击图标可进入粉丝管理界面（图 4-38）。每一位粉丝的头像右侧会显示“关注”按钮，点击后变为“互相关注”。

图 4-37 消息界面

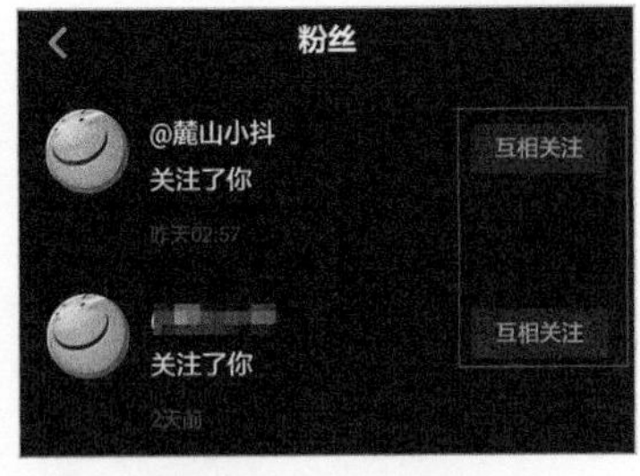

图 4-38 粉丝管理界面

初期的粉丝尤为重要，为了能够保持良好关系，留住粉丝，对于关注自己的粉丝，可以一一回敬，也试着去关注他们，甚至进行交流沟通。只有当粉丝成为真正的朋友之后，才会长久地留下来。

2. 赞

或者说“喜欢”，就是通过视频界面点击白色“心形”图标，对我们的视频点赞。同样，

"赞"图标也能提醒我们此次查看时新增的赞数，点击图标进入，可查看详情（图4-39）。

"赞"查看界面中可以看到点赞的大致时间和账号昵称，点击对方的头像可以进入其个人主页；而点击右侧的缩略图，可以查看具体被赞的视频是哪一个。点赞数量的分析，是我们为观众画像的重要依据。什么样的视频更受欢迎，哪些用户喜欢了我们大部分的视频。

这些看似零碎且没有实际操作性的参数，能指导我们对视频制作进行调整，找到适合我们同时也符合大众口味的制作方向，缩短我们的人气积攒周期，更精准、轻松地运营账号。

3. @我的

注意，消息界面中"@我的"，仅指在其发布的作品、动态中提到我们，而不包括在评论、转发等详情页面的@信息（图 4-40）。在作品中@我们会被所有看到视频的人查看到，观众们也可以顺着@信息找到我们的个人主页，因此，这算是"抖友"互动中比较隆重的一种方式。

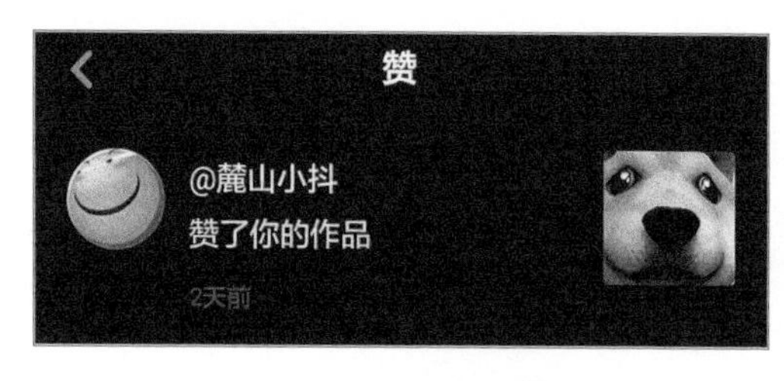

图 4-39 "赞"查看界面

图 4-40 @信息查看界面

同样的，点击"@我的"图标可查看详情，在信息查看页面中点击右侧的缩略图，可观看对方提到我们的作品内容，也便于我们直接回复和评论。

4. 评论

顾名思义，就是在视频中对我们进行的评论。评论查看界面中，除了上面提到的账号昵称、视频缩略图等信息外，还有评论的细节。如"评论了你的作品""回复了你的评论"，让我们能够掌握信息的具体来源和前因后果（图 4-41），点击评论内容可以跳转到相应视频的评论区。

图 4-41 评论信息查看界面

【小抖知道】

消息界面中，除了需要关注粉丝动态之外，也能够查看到近期抖音官方推出的新功能、新规则等重要信息。例如，版本更新后的差异等。我们之前所涉及的认证审核结果，以及寻求开通直播所反馈到的信息，都会在此处被回复，请"抖友"们及时关注。

4.3.2 互动：积极回复有效评论

粉丝数量、赞数量、评论数量一般都是几何倍数减少的。常常可以看到1万粉丝级别的“抖友”，视频点赞量维持在几十上百，而评论里可能只有寥寥数人。当然，这也不是绝对的，若该“抖友”能够将其他平台的好友关系转换到抖音上来，即便人气不高，评论数量也不会低（图 4-42）。从这里我们能看出，有效的评论一般出现在核心粉丝上。只有关系达到一定程度，才会动手评论。

当然，并非所有的评论都是有效的、必须回复的。例如，广告信息，就是比较劣质的信息，评论者往往只是无目的性地在所有平台与账号下面进行宣传。而对于一部分希望通过共同话题与我们“搭讪”，或者真心求教问题的评论，我们最好能够及时回复（图 4-43）。

图 4-42 点赞和评论

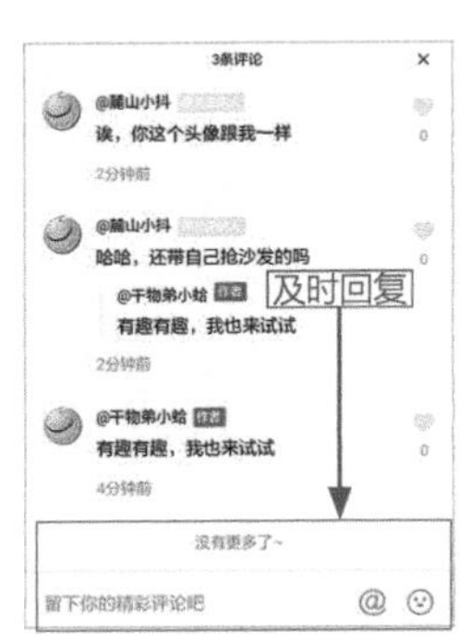

图 4-43 有效评论之“搭讪”

一般“抖友”的每次浏览时间大概会在10~20分钟，在这个时间段内出现的新评论，可以优先进行回复，而超出这个时间范围的，可以挑选几条较为重要的，逐一回复。

【小抖知道】

视频作者也可以评论自己的作品，而且计入评论数量（消灭零评论）。自评可以作为我们对视频内容，以及相关背景故事的补充说明，也是我们经营粉丝的重要阵地。不过自评不宜太长，也不要刻意进行广告宣传，否则会起到反效果。

4.3.3 交叉：及时处理被@信息

对于在作品中提到我们的人，一般需要作为重点照顾对象（图 4-44）。前面我们已经提到过设置个性化推送管理，@提醒，是其中必须要打开的一项。在打开@提醒之后，被“抖友”提到，会在消息界面标明数字脚注。点击进入“消息”界面，也可以看到“@我的”图标右上角醒目的提醒。对于这种重要信息，必须要做到尽量快、尽量郑重地回复。

我们被@到的视频，很有可能是专门为我们录制的。换位思考，如果我们的信息能被我们关注的人及时回复，那我们对他的感情也会进一步加深，这对于经营粉丝是相当重要的。

图 4-44 重点关照被@信息

【小抖知道】

对于一直“刷”抖音的用户来说，或许消息提醒并不会相当及时，因为抖音后台系统会默认我们一直关注着这些界面，认为不需要进行提醒（免打扰）。如果我们在“刷”抖音，不妨可以时不时通过下拉页面“手动更新”一下消息，或许能够刷出很多新信息。

4.3.4 回馈：录制视频@活跃粉丝

对于活跃的粉丝，尤其是能够为我们专门录制视频提到我们的粉丝。我们可以时不时地送出一点小“惊喜”，而这些小惊喜，最好是能够让这些粉丝增加曝光率的，这样显得我们对他们足够重视。录制视频@活跃粉丝，发起有趣的挑战，是一个比较常用的方式。

步骤 01 在录制好视频准备发布的时候，点击“@好友”，在列表中选出该粉丝，并编辑想要说的话。点击“发布”按钮后，等待上传即可（图 4-45）。

步骤 02 上传完成后，可以看到，自己和粉丝的昵称都出现在了视频左下角（图 4-46）。

图 4-45 @粉丝

图 4-46 发布完成

【小抖知道】

目前抖音没有官方挑战，也就没有相应的挑战奖励了。如果“抖友”们被其他人@到参与某项挑战赢取奖励，请先核实其身份，确认无误后，再考虑是否参与。

4.3.5 引流：平台主页转移粉丝

玩转站内运营之后，千万别忘了抖音并不是一个单独的短视频制作软件，它还串联了很多第三方的社交平台。在之前的内容中，我们也提到了头条号、微信、QQ、微博作为抖音指定的官方绑定账号而存在，绑定后可以在个人主页中出现平台链接，点击图标即可跳转（图 4-47），操作方法不再赘述。第三方平台有我们大量的“旧”资源可以利用。在这些平台上发布引流信息事倍功半。

图 4-47 可跳转的平台主页

这样的操作，类似于大号带小号、微博互推。用自己流量较多的社交媒体带动新的平台，这样大号的粉丝在看视频的时候会顺手去关注新的平台。除了这些社交媒体平台，抖音还可以与“火山小视频”联动，具体步骤如下。

（1）在抖音短视频、火山小视频等App内，授权使用今日头条账号登录，或绑定今日头条；（2）使用同一个手机号码登录抖音和火山小视频；（3）“抖友”在火山小视频App收到引导绑定的消息，点击消息打开查看到今日头条/抖音App的关联后，点击绑定。

【小抖知道】

今日头条主页是粉丝转移的最佳平台，除了因为今日头条与抖音属于同一家公司旗下，在产品开发的初期就埋下了互动的渠道。还因为今日头条的推荐算法与抖音类似，垂直内容的曝光率极高。

【“抖友”分享】与抖音小助手互动

除了能够在发布的作品、动态中@抖音小助手之外，还能够在消息界面找到抖音小助手，参与由抖音官方组织的一系列活动。找到想要参加的活动，点击“参加”按钮，进入活动详情页。在这里可以查看到活动的介绍，以及其他人拍摄的作品信息，点击下方“参与”，即可开始拍摄（图 4-48）。

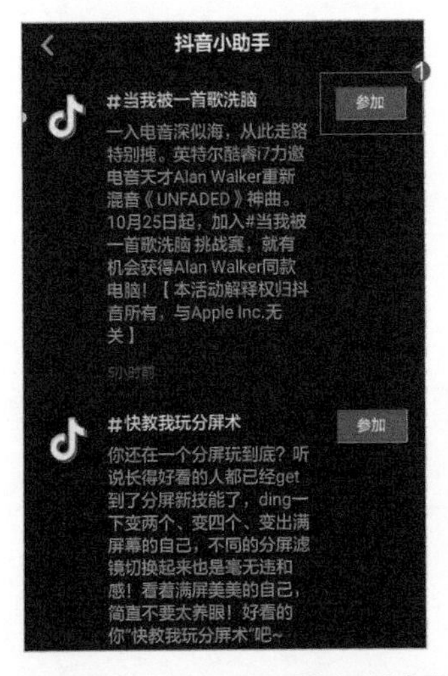

图 4-48 与抖音小助手互动

第5章

特效炸裂

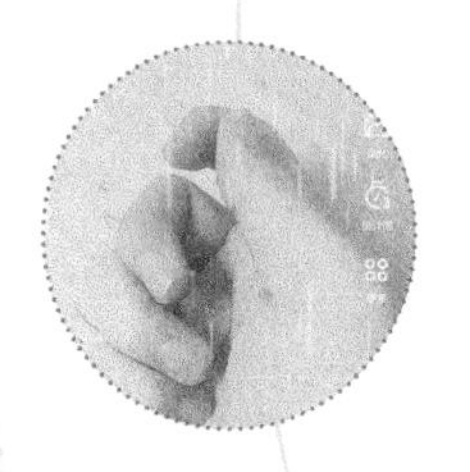

具备了基本的视频录制技巧和专业知识，加上抖音辅助功能的强大，已经能够拍出中规中矩的短视频了。不过若是想要更有趣、更个性，甚至是想依靠短视频积攒人气，从而实现新媒体时代的流量变现，还需要给自己的视频加些灵性。最稳妥的办法自然是增加品牌竞争力，投入专业的短视频营销团队，但这就不是我们要讨论的范围了。就抖音短视频App本身而言，不妨大胆尝试特效。

得益于人工智能和云技术的发展，特效不再是专业影视团队的专属“武器”。一个小小的摄像头和移动网络，就能够轻易通过捕捉人体特征，使用云计算实现我们看到的一键特效。不需要了解太多背后的原理，对我们来说，合理的运用才是重点。

5.1 拍摄前的背景准备

并不是所有的特效都是后期添加的。正式开拍前，就可以在视频拍摄窗口找到我们需要的特效，进行镜头和音乐等方面的调试。好的视频都是慢慢打磨出来的，特效也没有好坏之分，制作短视频过程中唯一的“捷径”就是一个一个试用。抖音特效镜头、道具五花八门（图 5-1），究竟哪一款适合自己，又能配合怎么样的主题，往往需要拍摄者自己寻找感觉。

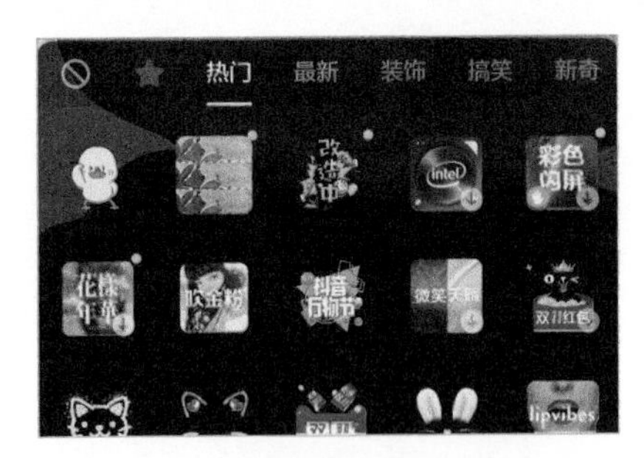

图 5-1 五花八门的抖音特效道具

5.1.1 速度：录制镜头快慢设置

镜头快慢特效是录制视频最基础，也是最简单的一种特效。我们经常能够在网络原创视频中看到突然加速、突然减速的视频效果，甚至伴随着主角动作的快慢变化，连背景音乐也产生了快慢变化。在拍摄抖音短视频的过程中，我们可以直接通过“速度”特效搞定。

步骤 01 在录制窗口中，找到位于右侧的“速度关”按钮，此时，镜头的快慢特效处于关闭状态（图 5-2）。

步骤 02 点击“速度关”按钮，就可以打开“速度调节”栏，共有极慢、慢、标准、快和极快五档。通过点击对应的按钮，可以将镜头切换为需要的状态（图 5-3）。

图 5-2 镜头特效开关

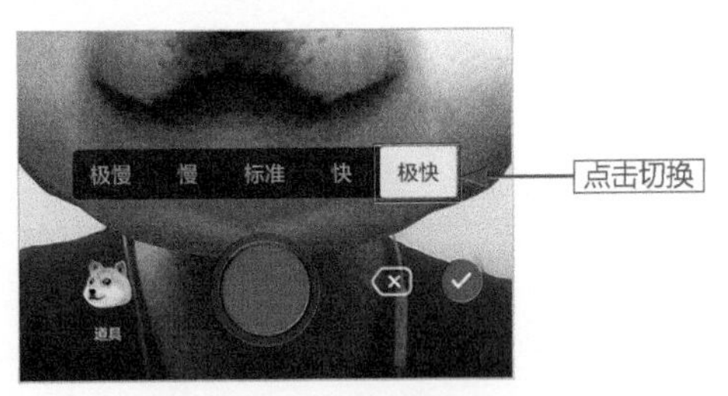

图 5-3 特效状态切换

步骤 03 完成切换后，可点击录制按钮进行录制。值得一提的是，在录制过程中，可随时暂停并切换镜头快慢特效（图 5-4）。但随意切换效果会导致视频不流畅，请先规划好再使用。

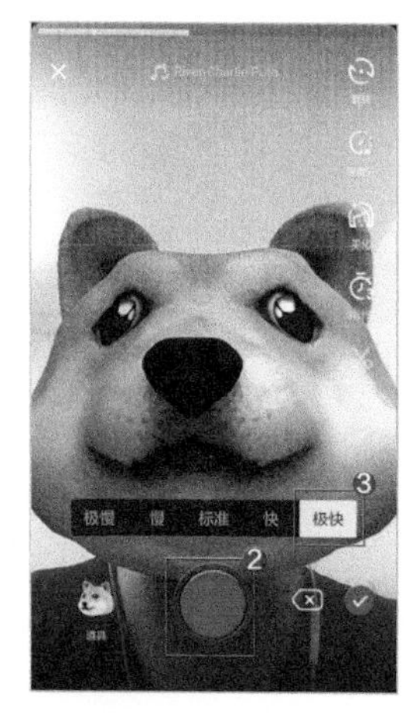

图 5-4 暂停与切换效果

在镜头快慢设置中，很多“抖友”容易产生这样的疑问：为什么我把镜头调成极快，视频录制时进度条反而跑得是最慢的，反之亦然。其实，这里的快慢，并非指我们所看到的进度快慢，而是镜头捕捉速度的快慢。简单来说，就是镜头更敏锐了，在“他”看来，我们就变成了慢动作；而当“他”的感觉变得迟钝时，我们的动作就相对变快了。其原理在此不必深究。

当完成录制开始预览时，又有不少“抖友”感到困惑，怎么连背景音乐也一起变化了呢?

（1）出于对通感的考虑

有个成语叫“秀色可餐”，看起来很好吃，就是一种典型的通感。我们在观看视频的时候，音乐作为短视频的一部分，会与我们的视觉感受相关联。如果在快、慢镜头中播放正常速度的音乐，就会在很大程度上弱化观众对于快、慢的概念，导致镜头特效的作用大大降低。

（2）出于拍摄范围大小

手机拍摄短视频没有多机位镜头拼接、没有长镜头位移这些大范围的拍摄。加上时间范围，15秒这种以秒为单位的镜头，快慢调节空间本来就不大。如果不把音乐作为参照物，很难突出快慢对比。

【小抖知道】

关于快慢特效下的声音。将镜头速度加快，拍摄变得缓慢，音轨会变得低沉而粗犷；而将镜头速度减缓，拍摄会变得更快，音轨会变得更加尖锐、高亢。

5.1.2 音乐：本地原创插入剪辑

不管抖音怎么神通广大，也不可能将所有的音乐都“塞”到自己的曲库中。更不要说一些经过特殊处理，用于配合特效使用的再创作音乐了。不过，抖音为我们提供了直接使用本地音乐加入拍摄的渠道。这也为我们制作除了音乐视频之外，一些对口型和模仿类视频提供了便利。

步骤 01 点击拍摄窗口顶部的“更换配乐”，进入音乐选择界面。点击“本地音乐”按钮打开手机音乐库。注意，因为需要调用搜索，会出现数秒卡顿，请耐心等待。显示“本地音乐”列表后，可以找到自己事先挑选或剪辑过的音乐（图 5-5）。

步骤 02 点击该音乐可以弹出“确定使用并开拍”的按钮（图 5-6），点击进入拍摄。

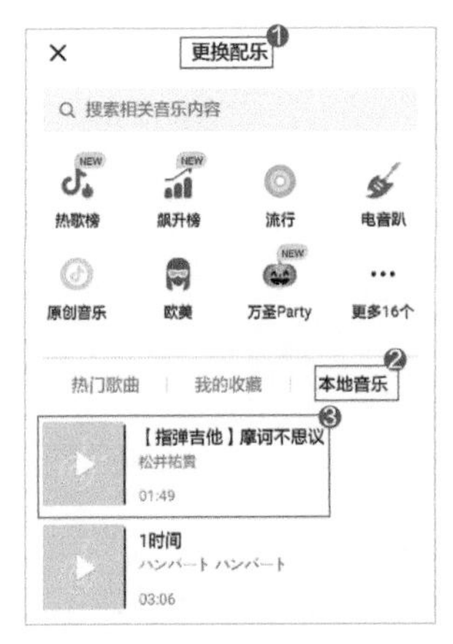

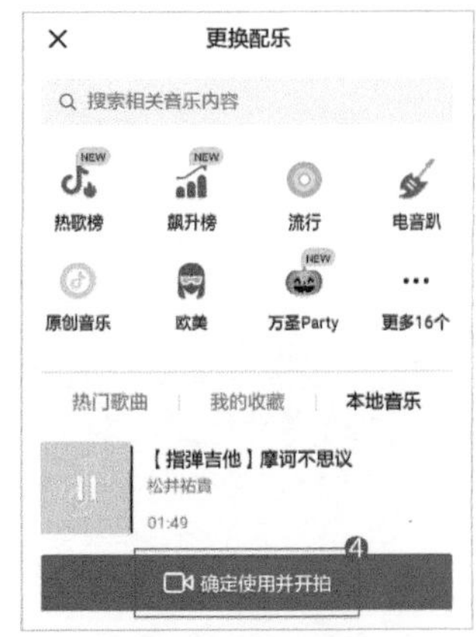

图 5-5 搜索本地音乐　　图 5-6 点击选择音乐

步骤 03 回到拍摄界面，顶部显示音乐已更换到我们所选的本地音乐；原声音乐一般较长，有必要再次进行剪取，以选出15秒（图 5-7）作为配乐。尽量不要提前剪取到15秒，为视频调整留下余地。

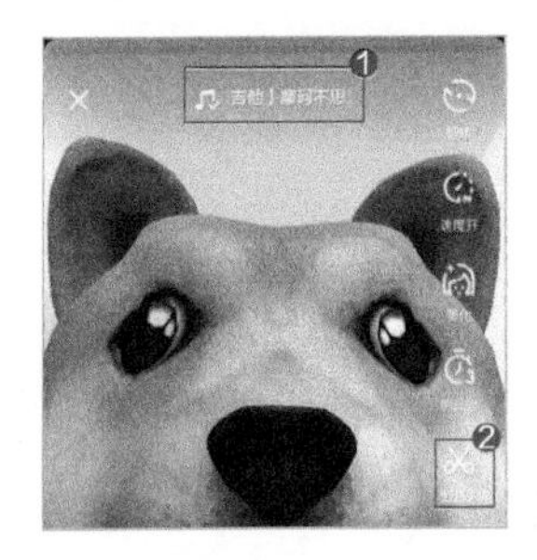

图 5-7 本地音乐也需要剪取

步骤 04 录制完成并发布后，我们可以在视频播放页面看到“视频原声”的字样，点击可以进入详情页，也可以拍同款（图 5-8）。值得一提的是，由本地上传的经过我们亲手剪辑的音频，会给我们打上“首发”。

图 5-8 查看使用情况

【小抖知道】

被打上音乐“首发”的短视频好处很多，不论有多少人使用这段音乐拍同款，我们首发的视频都会排在音乐详情页的第一位，被人看到的可能性会增加不少。此外，如果想要认证抖音音乐人，多一些原创音乐和自己剪辑、处理的音频是最好的方法。

5.1.3 道具1：固定背景特效选择

抖音短视频中的特效道具分类其实比较混乱，一时间难以根据功能找到自己需要的特效模板。其实，这些工具可以简单分为：固定背景类与跟随控制类。前者比较简单，主要原理就是采用效果固定的动态背景铺满全屏，给拍摄主体留下一个小的方框。

步骤 01 在打开的拍摄界面中，点击“道具”按钮，找到自己需要的特效工具（图 5-9）。

步骤 02 点击需要的特效工具，并开始拍摄（图 5-10）。

图 5-9 选择特效

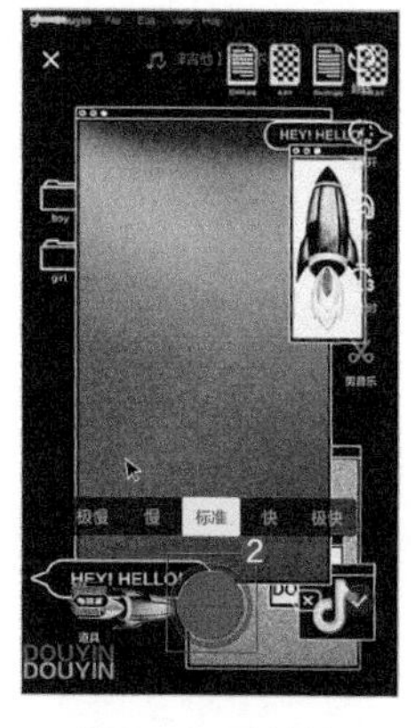

图 5-10 开始拍摄

固定背景特效道具主要用途如下。

（1）优化背景

为了避免诸如嘈杂的街道、凌乱的房间等不太友好的录制环境，或寝室、合租公寓等较为私密的个人空间给拍摄带来的阻碍。通过对大部分镜头的遮盖来缩小主体需要展现的范围。

（2）集中视线

非人像拍摄时，可能出现多个同类主体，如果想集中突出一个，也可以使用这种方法。但要考虑到主体是否能够在剩余的小镜头中展示完整。

（3）填补空白

在主体较为单调，整个镜头显得较空的时候，也可以使用固定背景特效工具。通过丰富的镜头元素来填补主体之外的大量空白。

【小抖知道】

并非所有的固定背景特效都是全屏的，上下或左右半屏等其他形状也不少，可以根据实际情况进行选择。另外，在使用这种固定背景特效时，要注意整体色调。由于特效面积占比较大，特效的主色调过于明艳，可能会导致主体被弱化。

5.1.4 道具2：跟随控制特效选择

另外一种特效道具主要采用人体捕捉技术，原理不再赘述。贯穿我们整个学习过程的“狗头”特效就属于跟随人脸的一种特效，类似的还有熊猫（图 5-11）等全覆盖和眼镜、耳朵等局部覆盖的跟随特效。而所谓控制，就是可以根据对动作的捕捉，改变特效的具体形式，如眨眼、握拳等。

跟随特效不需要我们做更多的操作，只要记住在拍摄过程中不要急速位移，否则容易导致无法捕捉。而控制特效，点选和下载时一般会给予提示，如“试着张开手掌”“试着挪开手掌”等。下面以抖音最常用的两种来看看怎么操作，又会产生怎样的效果。

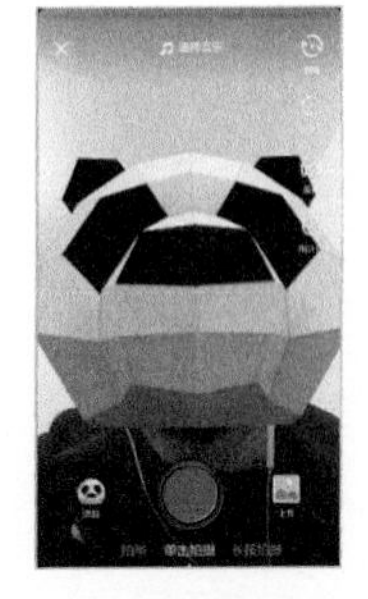

图 5-11 全覆盖的跟随特效

（1）时间暂停特效。找到并点选时间暂停特效后，拍摄窗口会出现自上而下的“落叶”效果。此时让手掌处于镜头的范围内做张开动作，即可触发“时间暂停”。镜头变为灰白色，“落叶”停在固定的位置上（图 5-12）。再次重复动作可将“时间暂停”恢复到正常状态。

图 5-12 “时间暂停”特效的效果对比

（2）控制雨滴特效作为控制特效的代表之一，与时间暂停的瞬间动作有所不同。打开特效后，会出现满屏下雨的逼真特效画面（也有羽毛漂浮、花瓣飞舞等）。让镜头内的手掌虚握呈收缩状，线条状的雨水特效变成清晰可见的水滴，且还跟随手掌与摄像头距离的变化而放大或缩小（图 5-13）。

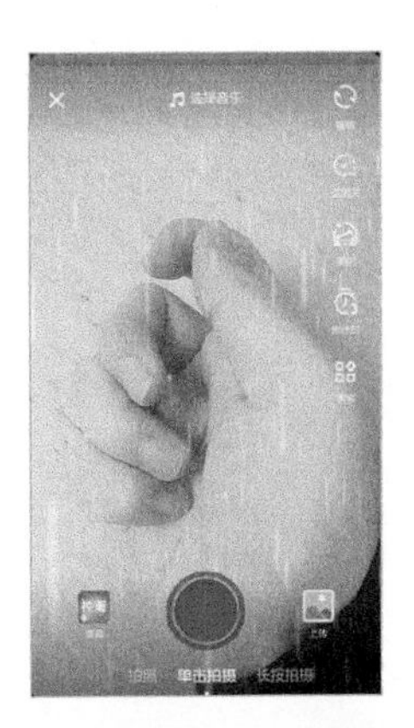

图 5-13 “控制雨滴”特效的效果对比

种类繁多的特效为我们的拍摄带来了很多的乐趣和便利。但也因为实在是太多了，而且还在不断地增加，我们习惯用到的几种容易混在其中难以随时找到。这个时候，我们可以利用道具收藏功能解决烦恼，具体的操作步骤如下。

步骤 01 打开“道具”窗口，找到常用的特效道具，如狗头，点击左上角的“星形”符号（图 5-14）。

步骤 02 待灰色的“星形”变为黄色时，收藏成功（图 5-15）。注意，带黄点的道具为最近更新的道具。

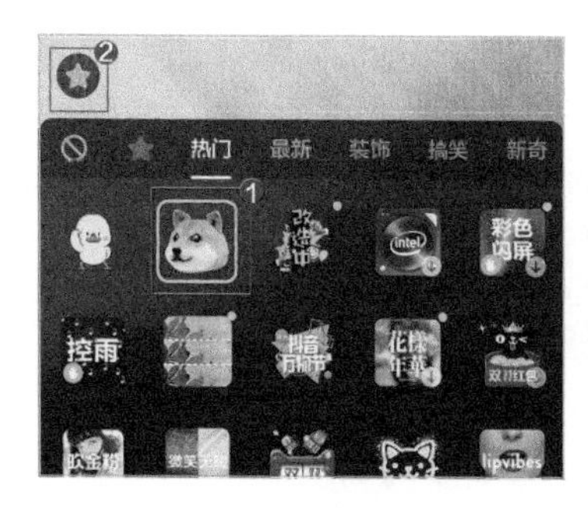

图 5-14 选择收藏

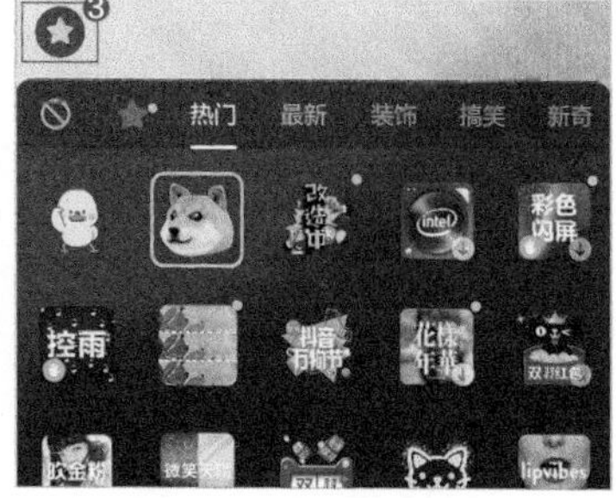

图 5-15 完成收藏

步骤 03 已经收藏的道具，可以在“热门”分类左侧的“收藏”分类中查看。选中道具并再次点击“星形”符号，可以取消对该道具的收藏（图 5-16）。

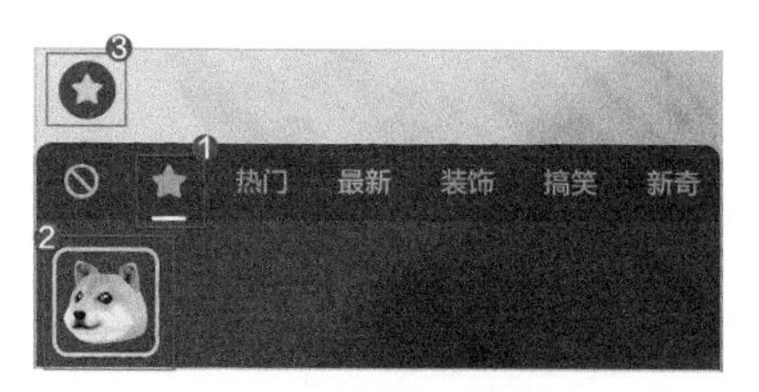

图 5-16 查看与取消收藏

【小抖知道】

目前，抖音加入了一些AR（现实增强）特效，可以在镜头内出现恐龙等动物走来走去的效果。一般来说特效都需要下载才能使用，动作越丰富的特效往往越消耗流量，请确保自己在流量充足或有无线网络的情况下进行加载。

5.1.5 特殊的拍摄过程

除了这些简单易玩的特效处理外，抖音还提供了一些超越视频本身的特效添加。它们需要在视频本身拍摄完成的情况下，进行再次创作（或者说后期创作），从而得到不同效果的新视频。从手法上来看可以分为后期特效与二次拍摄两种。

1. 后期特效

在视频预览界面的左下角，点击“特效”按钮，可以进入后期处理界面。由效果预览、添加位置、特效选择三个从而下的模块组成。效果预览模块可以循环播放视频，查看特效添加的真实效果；添加位置模块用于选择插入特效的时间节点；而特效选择就不必多言了。

后期特效分为滤镜特效和时间特效两种。前者种类较多，点选自己想要的特效滤镜后，调整添加位置模块中的“位置标签”，找到起始位置，按住特效按钮选择时长，松开结束添加。我们可以看到在位置模块上出现与特效按钮颜色相同的进度条，此为被添加完成的部分（图 5-16）。

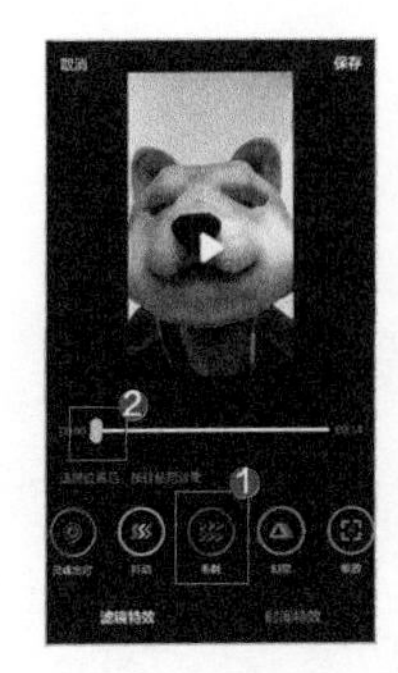

图 5-17 添加滤镜特效

滤镜特效可以进行多种混合，手法大致相同。而时间特效则较为简单，主要是“时间倒流”，也只能对整个视频使用，常用于正常拍摄扔出、破坏过程后，用“倒流”复原的创意视频。

2. 二次拍摄

如果说“时间倒流”属于对视频的修改，那么“抢镜”与“合拍”就完全属于二次拍摄了。不少“抖友”应该还记得如何分享和转发视频（详见第3章3.2.1节），打开视频分享窗口就能看到“抢镜”按钮，点击可直接进入拍摄界面。

步骤 01 快速点击窗口中的小镜头两次，出现虚线框。用于二次拍摄的镜头可以在此框内移动（图 5-18）。若点击则可以切换为圆形镜头，再次点击可以换回来。

步骤 02 双指同时按住小镜头，可以对其进行旋转和放大（图 5-19），当然也不能超出边框。

步骤 03 为避免遮挡，可将小镜头置于上下左右四角。准备完成后点击“快门”按钮进行拍摄（图 5-20）。

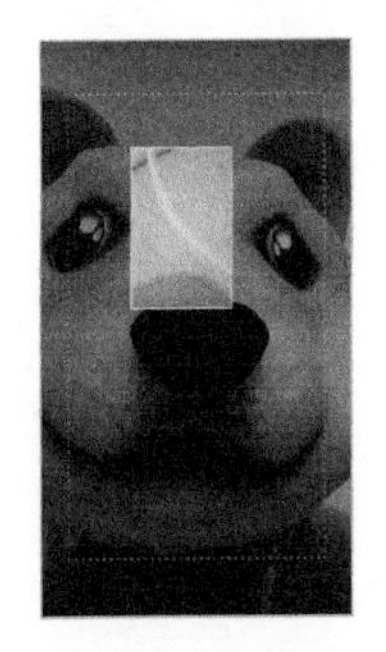

图 5-18 移动小镜头范围

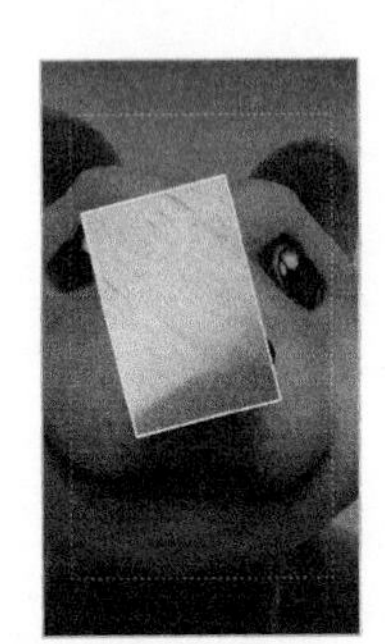

图 5-19 改变小镜头大小

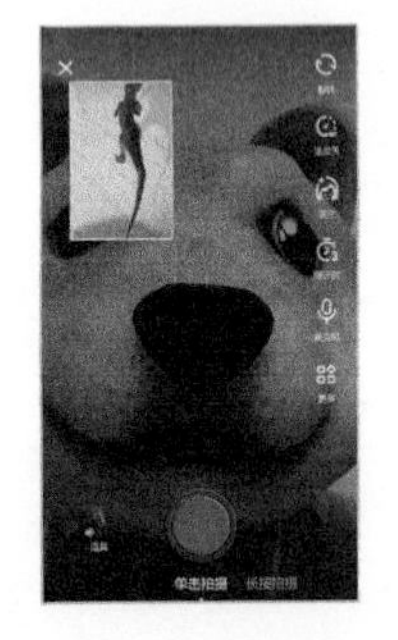

图 5-20 拍摄抢镜视频

同样在分享窗口中找到“合拍”按钮，点击可直接进入左右共屏合拍（图 5-21）。

图 5-21 合拍视频

【小抖知道】

“抢镜”与“合拍”都会将原视频的声音以“原声”的形式保存下来，如果想要消除，可以使用混音调节的方法。另外，这两种拍摄手法都不仅限于同其他人互动，也可以找到自己以前拍摄的视频，用同样的操作手法，与“以前的自己”进行合作。

【“抖友”分享】本地视频图片上传

在抖音直播认证的条件中，有一条关于视频尽可能为采用抖音拍摄而非上传。那么，抖音能够编辑本地视频和图片吗？答案是肯定的。在视频拍摄界面右下角，点击“上传”按钮即可跳转到相关页面，对本地（手机）所保存的视频、图片格式文件进行上传、编辑和发布（图 5-22）。

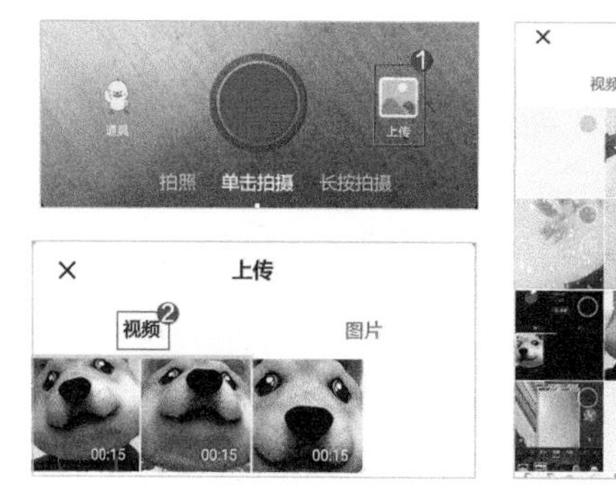

图 5-22 选择上传视频或图片

5.2 第三方来做补充

再次需要提到的是，抖音功能再怎么完善，也不可能面面俱到、样样都强。在某些时候，选择使用第三方剪辑、特效软件来帮忙，可以更高效。较为常见的第三方工具有Video Collage（图 5-23）、Photo Mosh以及美摄、After Effects、Photoshop等编辑软件。那么它们分别擅长什么样的工作呢？

图 5-23 Video Collage

5.2.1 多图多频拼接：Video Collage

Video Collage是一款能够拍摄、剪辑视频并上传到各大媒体平台的工具，与抖音的定位较为相似。其在拼接方面的“造诣”是相当深厚的。操作简单、灵活多变的拼接模板，让一切变得简单。

步骤 01 下载App并打开，无需注册。在首页点击选择“COLLAGE”按钮（图 5-24）。

步骤 02 在跳转到的窗口中选择需要的拼接模板（图 5-25），其中灰色为视频区。

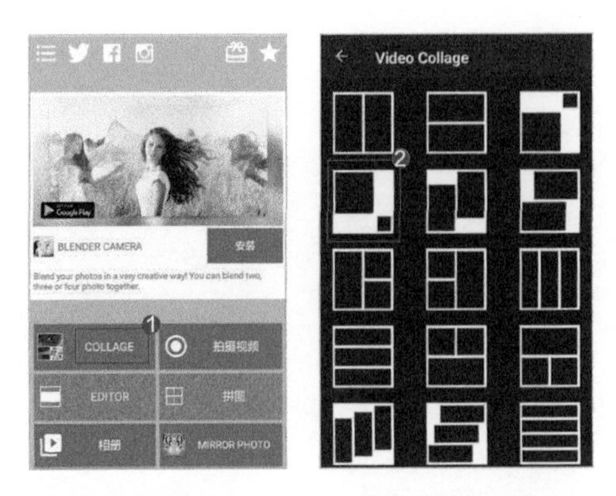

图 5-24 初见应用　　　图 5-25 选择模板

步骤 03 选定模板后进入编辑页面（图 5-26），此处可以再次调整模板。点击上方的“+”号添加视频。

步骤 04 点击页面中的缩略图，选定2个需要拼接的视频。点击“对钩”确认选择（图 5-27）。

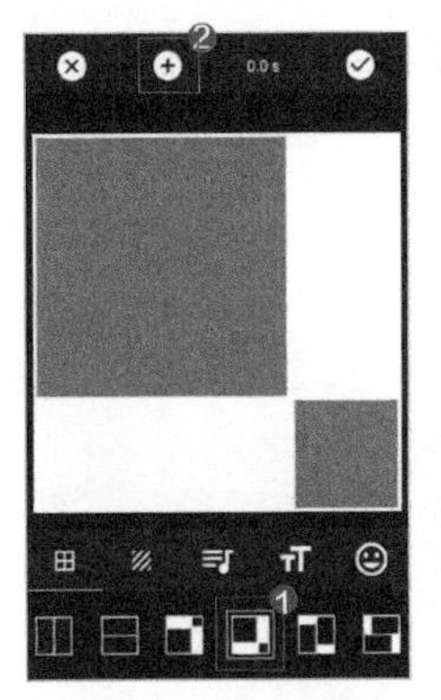

图 5-26 进入编辑　　　图 5-27 点选视频

步骤 05 添加完成后可分别播放预览效果（图 5-28）。

步骤 06 点击下方菜单栏可以对颜色、边框等进行编辑（图 5-29）。

图 5-28 预览视频　　　图 5-29 打开菜单

步骤 07 边框大小调节（图 5-30）主要作用于空白区的大小。此外，菜单中还可以完成添加音乐（图 5-31）和文字（图 5-32），按照各自提示按钮操作即可。

图 5-30 调节边框

图 5-31 添加音乐

图 5-32 编辑文字特效

步骤 08 完成编辑后，点击界面右上角的“对钩”符号并等待上传（图 5-33）。

步骤 09 除了可以分享到社交媒体外，也可以保存到本地手机或电脑上（图 5-34）。

图 5-33 等待上传

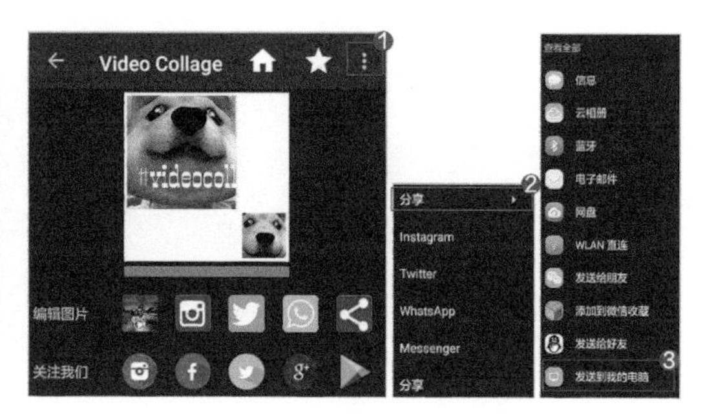

图 5-34 分享与保存

【小抖知道】

Video Collage与国内通用的媒体平台，如微信、QQ可以联动，是一个比较主流的视频编辑App。保存到本地后，再次用抖音打开、发布即可。

5.2.2 故障艺术特效：Photo Mosh

故障特效是比较流行的艺术特效风格，Photo Mosh就可以制作这种“奇怪”的特效。Photo Mosh是一个为短视频在线添加特效的网站。

图 5-35 Photo Mosh

步骤 01 点击首页“Load File”按钮，然后点击“Choose File”即可上传我们准备好的本地视频（图 5-36）。

图 5-36 载入本地视频

步骤 02 加载完成后，可在网页右侧找到格式特效和参数细节，如故障电视，即可开始预览（图 5-37）。

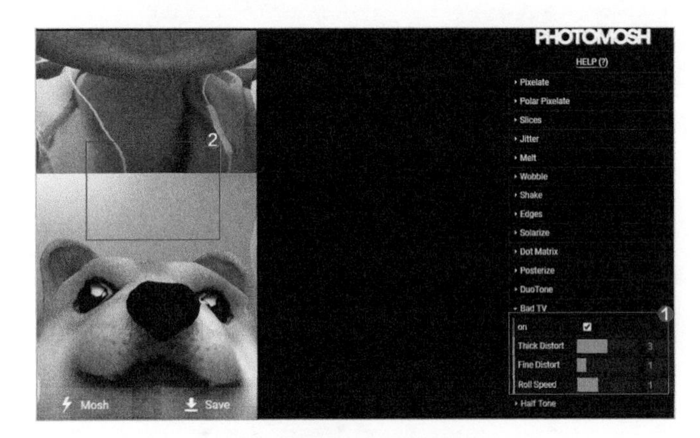

图 5-37 选择特效“故障电视”

步骤 03 完成特效添加后，在预览区域点击“Save”按钮，即可下载到本地（图 5-38）。

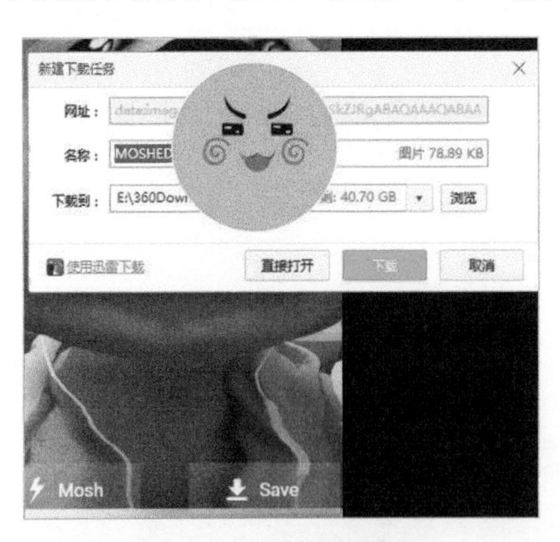

图 5-38 下载完成的视频

Photo Mosh支持jpg、gif和WebM格式，一般情况下，我们选择gif动图格式。这样的动图适合做表情包，也适合放在微信公众号图文当中让人眼前一亮，还可以放在PPT中。剩下的事情，就是发挥自己的创意，制作或找到合适的图片、文字，尽情创作了。

5.2.3 名片化效果：美摄

美摄也是一款集图片制作、视频拍摄、后期处理为一体的App（图 5-39），其“过人之处”在于，可以一键为视频添加各式各样的开头、结尾和滤镜特效，在制作宣传视频、个人风采展示、个人动态名片等方面的能力很强。如果希望通过抖音宣传自己，不妨可以尝试借助这个第三方软件。

图 5-39 美摄App

关于美摄的片头、片尾制作，操作起来非常简便。

步骤 01 在视频制作页面找到需要添加名片化效果的视频，点击选择制作比例（图 5-40）。

步骤 02 进入编辑页面后，逐一套用模板进行尝试，选定合适的模板，点击“对钩”符号完成制作（图 5-41）。

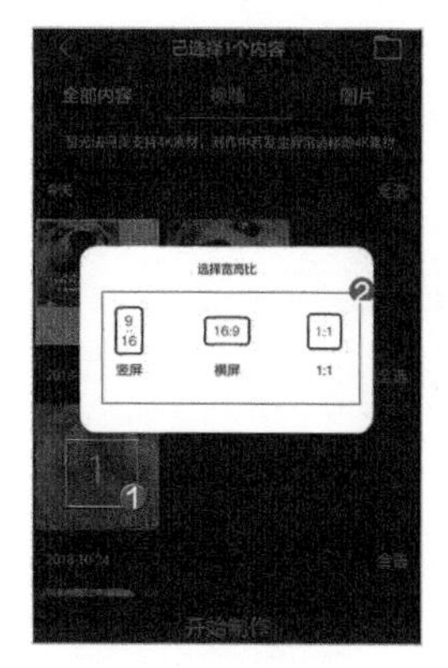

图 5-40 选择比例

图 5-41 选择及套用模板

【小抖知道】

美摄App新版本中专业级的视频分割功能、让视频随意配音的消除原音功能，能够方便用户的视频制作。在美摄，可以对素材进行编辑加工，为素材添加字幕、特效，也可以将一段视频分割成两段，进行不同的编辑处理，添加视频特效、转场特效，以及进行最基础的画面调节。

5.2.4 简单的抠像：After Effects

After Effects是在视频制作中常常用到的抠像软件。其中的颜色键抠像效果是使用起来较为快捷、干净的一种（图 5-42）。根据颜色的区别计算抠像的方法，在众多抠像方法中相对比较简单。

图 5-42 After Effects抠像效果

载入视频后，在工具栏调用颜色键。使用颜色键进行抠像的具体操作方法为：执行“效果”→“过时”→“颜色键”菜单命令，即可添加颜色键抠像效果，然后在“效果控件”面板可自行对该效果进行参数设置（图 5-43）。接下来可以了解一下各项参数的主要作用。

图 5-43 添加抠像参数

步骤01 主色：调整和控制图像需要抠出的颜色。

步骤02 颜色容差：用于设置键出颜色的容差值，容差值越高，与指定颜色越相近的颜色会变为透明。

步骤03 薄化边缘：用于调整主体边缘的羽化程度。

步骤04 羽化边缘：用于羽化键出的边缘，以产生细腻、稳定的键控遮罩。

【小抖知道】

使用颜色键进行抠像，只能产生透明和不透明两种效果，所以它只适合抠除背景颜色比较单一、前景完全不透明的素材。在遇到前景为半透明且背景比较复杂的素材时，就该选用其他的抠像方式了。

5.2.5 文字型特效：Photoshop

Photoshop可对文字进行变形操作，转换为波浪形、球形等各种形状，从而创建得到富有动感的文字特效。在为抖音短视频制作封面或文字特效时可以选用。Photoshop中提供了多种变形文字，在图像中输入文字后，便可进行变形操作，下面是创建变形文字的具体操作步骤。

步骤01 启动Photoshop后，执行“文件”→“打开”命令，选择背景图片，如圣诞节图片（图5-44）。

步骤02 选择“横排文字”工具，设置字体、字号、字体颜色，在图像中输入文字（图5-45）。

图 5-44 打开背景图片

图 5-45 设置并输入文字

步骤03 单击“创建变形文字”按钮，打开“变形文字”对话框，选择“旗帜”样式并设置参数（图5-46）。

步骤04 单击“确定”按钮，关闭对话框，完成设置（图5-47）。

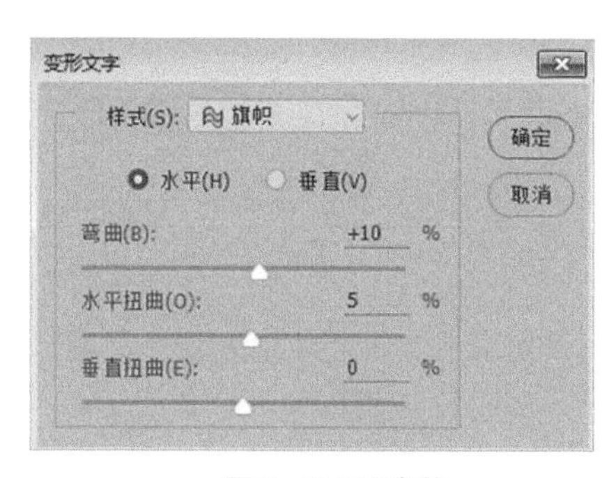

图 5-46 设置参数

图 5-47 完成变形

步骤05 选择“钢笔”工具，在文字上绘制路径（图5-48）。

步骤06 按Ctrl+Enter快捷键将路径转换为选区，新建图层，填充黄色。单击图层面板底部的“创建图层蒙版”按钮，为文字图层添加蒙版，选择“画笔”工具，用黑色的柔边缘笔刷涂抹“圣诞快乐”，将创建的路径图形和字体融为一体（图5-49）。

图 5-48 绘制路径

图 5-49 填充颜色

步骤 07 选中所有的文字图层，按Ctrl+G快捷键对图层编组。单击“添加图层样式”按钮fx，在弹出的快捷菜单中设置“斜面与浮雕”和“描边”参数（图 5-50）。

步骤 08 单击“确定”按钮关闭对话框，完成文字效果（图 5-51）。

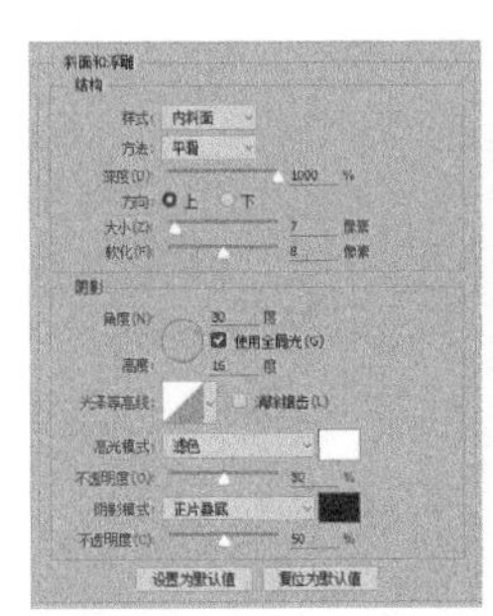

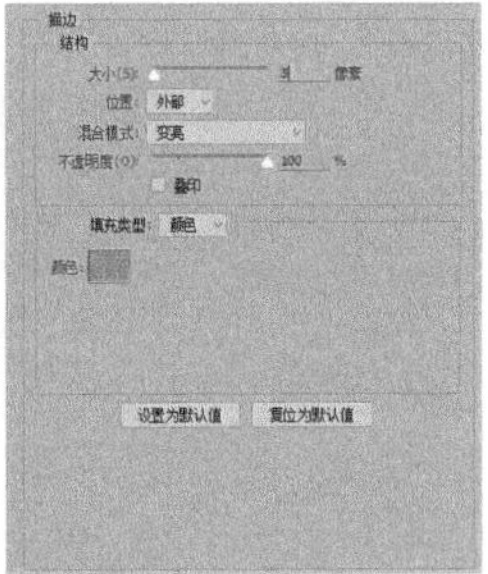

图 5-50 设置图层参数

图 5-51 文字效果

【小抖知道】

利用Photoshop制作的封面海报图片，可以作为视频和直播的封面。也可以通过Photoshop打开视频，插入文字作为关键帧，让文字特效出现在抖音短视频中。

【“抖友”分享】短视频大小的剪裁

下载一个视频裁剪软件或使用在线工具，如爱剪辑。把视频加入到爱剪辑后，可在“画面风格”面板里选择“自由缩放（画面裁剪）”功能，抖音的视频尺寸是540像素×960像素，想把画面变成适合抖音的尺寸，只需要在“缩放”栏放大画面或缩小纵向、横向的尺寸即可。

视频尺寸只能够进行局部裁剪，如果拉伸或压缩，会导致画面变形，不可使用。

第6章 直播

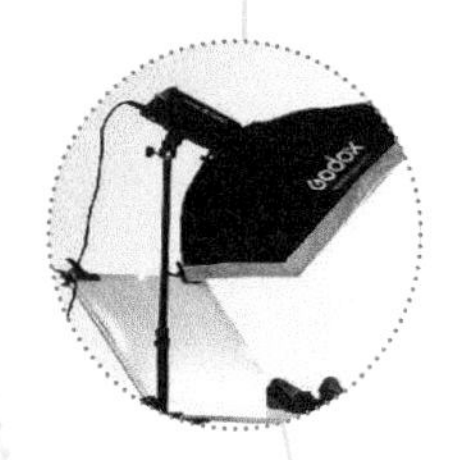

相比于其他的短视频App，抖音的直播观看入口和开通方法显得比较“隐晦”。这并不意味着抖音团队不重视手机直播这块“蛋糕”，最初抖音也是向所有用户开放了直播端口的，但低门槛带来的直播乱象让官方不得不选择暂停直播业务并进行调整。经过一段时间的下线，抖音在提高直播准入条件的同时加强了管控，目前采用邀请制的形式向部分用户开放直播功能。

虽然经历了一些波折，抖音“达人”们的直播号召力仍是不容小觑的。有数据显示，抖音直播日收入排行前十名基本可以稳定在10万音浪（目前1音浪=0.1元人民币），2018年7月某日甚至出现过直播总收入高达133万音浪的主播。那么究竟如何开通直播呢？

6.1 抖音直播的开通

截至2018年10月，抖音仍没有完全开放直播权限，而是继续采用邀请制（图 6-1）。也就是说，只有达到抖音官方认可的标准，才有资格提交材料申请直播。除此之外，想要开通直播的“抖友”，若是存在账号没有实名认证或未绑定手机等真实、有效的个人信息，或绑定不属实，甚至“买粉”等情况，很有可能被抖音官方认定为违规，除了无法开通直播功能，还会面临账号封禁的危险。

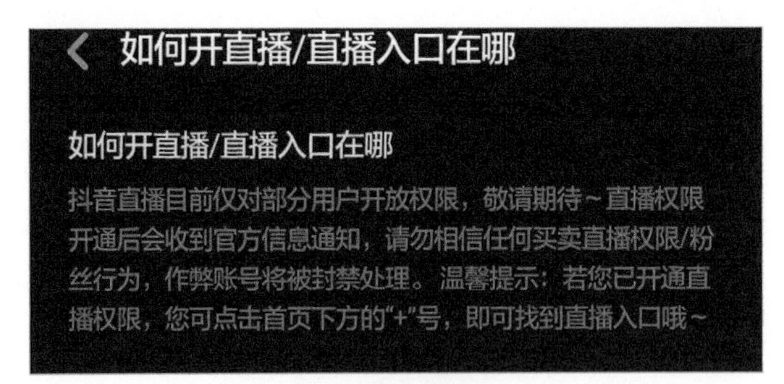

图 6-1 抖音直播提示

6.1.1 开通条件：官方标准三达一

究竟需要达到什么样的条件才能够申请直播呢？抖音从三个方面给出了答案（图 6-2）。只要达到三个标准中的任意一个，“抖友”们就能够具备资格。其中之一就是对粉丝数量、视频质量的要求。如果拥有5万个以上（含）的粉丝，并且每则视频的平均点赞数量超过100个，就可以提出申请了。不过，抖音对视频还有一定的要求——多数为使用抖音拍摄而非上传。

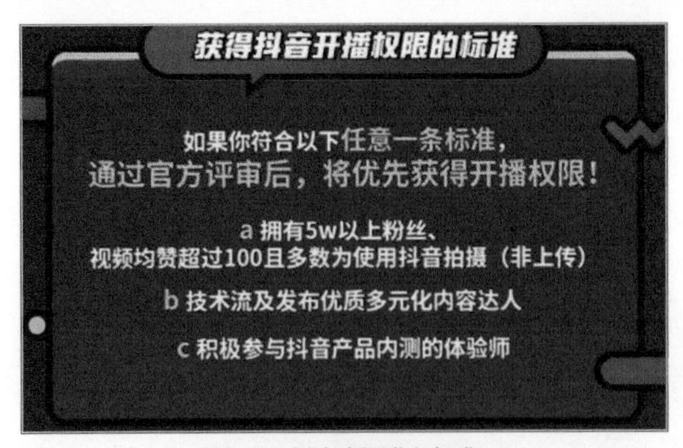

图 6-2 抖音直播准入标准

这样的附加条件，主要是为了限制和规避网上层出不穷的恶意剽窃、购买视频，通过不正当手段谋求开播行为（图 6-3）。一些心存侥幸的“抖友”或许会选择以100元~600元不等的价格购买粉丝、视频和代开权限业务，但很快就会被官方“揪出来”而无法正常开启直播间，或者被查封账号。另外，这种服务需要“抖友”提供绑定手机号的抖音账号、密码，对以后的资金安全威胁也是极大的。

图 6-3 代开权限的不正当交易

其实，“抖友”们只要能熟练运用前面提到的拍摄和剪辑技巧，多用心去制作，相信你们拍摄的短视频很快就能占据一席之地，开通直播也就不成问题了。或许有的“抖友”担心：我原本就是某平台的“达人”，粉丝数量不菲，来到抖音之后还要重新制作视频积攒人气？

这个问题的答案就在第二条准入标准中：技术流及发布优质多元化内容的“达人”。如果“抖友”们对自己的原创内容有信心，可以按照之前我们提到的方法去申请个人和机构认证，这样一来，抖音官方团队也会适时向大家发出开播邀请（图 6-4）。

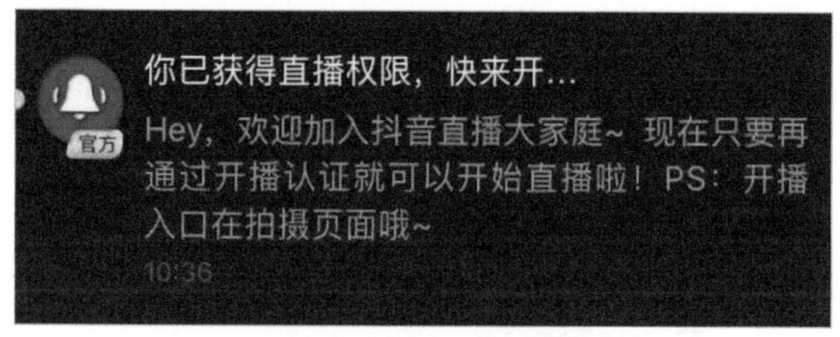

图 6-4 抖音官方的开播邀请

若有“抖友”长时间没有收到邀请，可以向抖音官方微信号咨询或直接关注“抖音小助手”“抖音直播”等官方抖音账号，向其说明情况并等待回复。至于第三条标准则无需赘述，相信陪伴抖音一路走来的资深“抖友”已经体会到了，参与过内测的“抖友”，直播功能都被保留了下来。除此之外，职业主播也可以通过加入直播公会的方式开通直播（图 6-5）。

图 6-5 抖音直播公会入驻

据抖音官方运营人员透露，目前抖音审核人手正在增加中，但因为申请直播的机构和个人数量庞大而仍显得不够。因此，在2018年8月前后，抖音一度暂停了新公会的入驻。想要通过此渠道开通直播则需要注意选择公会并查阅相关资质了。

【小抖知道】

想要入驻公会的主播们，为避免上当受骗，请仔细阅读相关信息。

（1）公会资质及要求。必须有相关资质；必须能开服务类增值税专用发票；有一定行业经验，有主播招募能力且旗下有10人以上签约主播；严禁公会在抖音平台挖掘站内“达人”加入。

（2）入驻主播的要求。形象良好，衣着与直播背景符合年轻人审美，有才艺或有直播经验；请勿输送喊麦/低俗类主播，严禁“双开”“挂时长”“未成年”“替播”等行为的主播。

（3）材料。公司简介，包含目前在直播及相关领域的经营项目、成果；主播流水截图及各个等级类别主播代表的展示页面；公司营业执照扫描件；近3个月后台流水截图。

（4）流程。将上述材料发送至官方邮箱；审核通过后会将公会入驻邀请发送至申请邮箱；公会根据邮件内容签约并指导主播签署三方协议；确认无误后将给主播开通权限。

（5）待遇。新入驻公会默认分成为40%（公会+主播），公会可在后台调整分成（不低于20%）；公会单月总流水达到10万元或有效主播达30人即可能享受更高分成。

6.1.2 开通方法：官方邮箱发申请

职业主播在“抖友”中并不占多数，绝大部分的“抖友”想要开通直播，还是要在达到官方给出的第一个条件（5万个粉丝、原创视频平均点赞数量超过100个）之后走官方申请流程（图6-6）。

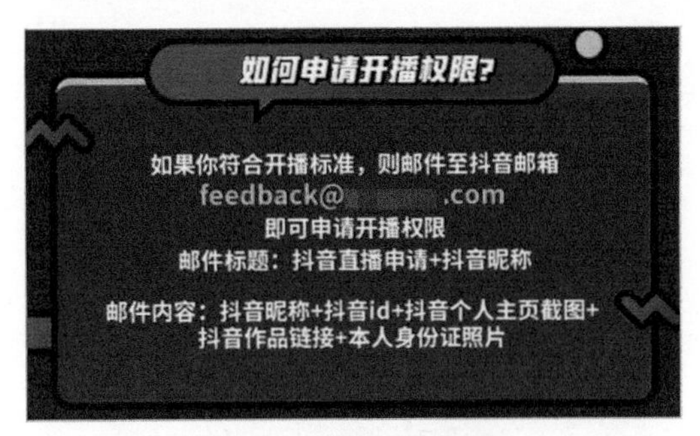

图 6-6 抖音直播申请方法

抖音的直播申请并不像其他直播平台直接在应用内进行，需要我们“手动”完成。首先来完成申请材料的准备，要求发送的内容主要可以分为个人信息、作品信息、身份证件三大块。

步骤 01 打开抖音App并点击“我”跳转到个人主页，利用手机截屏功能截图保存。此时我们可以在图中看到所需要的抖音昵称，如“麓山小抖”，以及ID（即抖音号），如“lushanbook”（图6-7）。

步骤 02 在自己的主页找到一则优质的视频并打开，利用我们之前提到的分享功能，点击“复制链接”生成视频的网址链接至剪切板（图6-8）。

图 6-7 查看信息并截图

图 6-8 复制链接

步骤 03 用手机拍摄清晰的身份证正面照后，将照片、截图用传输工具，如微信的“文件传输助手”发送至电脑端（图 6-9），因为接下来需要用邮箱进行操作。

步骤 04 将上传到电脑的照片和截图分别命名为“身份证照片”和“主页截图”（图 6-10）备用。

图 6-9 传输资料

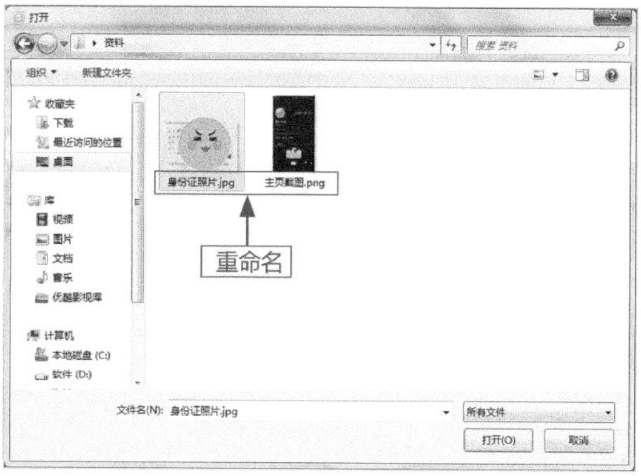

图 6-10 重新命名文件

步骤 05 回到抖音，在“设置”页面中找到“关于抖音”一栏，点击进入可查找到抖音的官网及官方邮箱等信息，复制或停留在此页面即可（图 6-11）。官方邮箱请自行于抖音App查询。

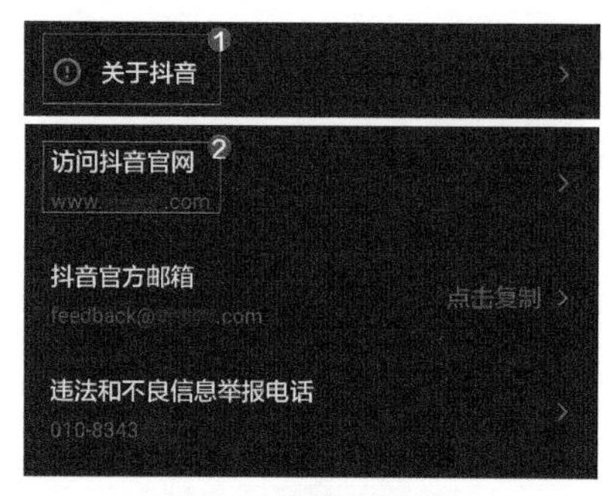

图 6-11 查找官方邮箱

步骤 06 一切准备就绪，打开邮箱（如QQ邮箱等）开始进行编辑。输入抖音官方邮箱地址，并按照要求填写邮件主题、上传图片、编写正文内容，最后点击“发送”按钮完成申请（图 6-12）。

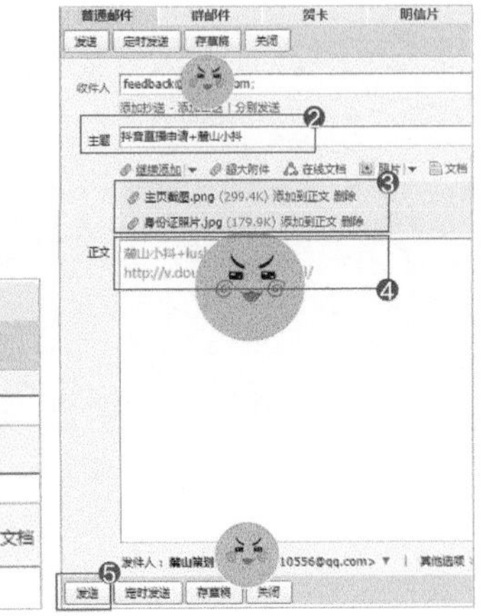

图 6-12 编辑邮件并发送

步骤 07 申请将会在7个工作日左右得到回复，通过后将会在申请的抖音账号官方消息中提及，与抖音主动邀请的形式一致，回复内容详见图6-4。届时，该抖音账号才会出现直播的相关功能与按钮。

没有申请通过的“抖友”常出现的问题大致有以下两种。

其一，身份问题。账号认证人与申请人身份信息不符。切记账号认证人要与直播申请人为同一人，且身份证为本人有效证件，图片清晰无阴影。

其二，作品问题。作品质量达不到官方要求的标准。请尽量选择点赞和评论数较多的作品，尤其是评论数，若高赞零评论，则会因涉嫌刷点赞数而降低通过率。

【小抖知道】

抖音的直播准入标准不是一成不变的，我们经常能看到有一些不到1万粉丝的主播。他们有可能是达到了其他的标准，比如多产优质内容、参与直播内测等而被主动邀请的。据透露，抖音也在不停地调整直播部门的相关事宜，增加审核人手，未来可能开放申请。

6.1.3 平台签约：再次申请等审核

众所周知，直播的背后是离不开推手的，更何况目前的抖音并没有直接“刷”直播的端口，想要被主动搜索到的可能性就不太大了。加入公会是其中一种方案，目前抖音官方唯一合作招募主播的公会是“奇迹家族”公会（图6-13），其优势为“零粉丝开播”，但审核相对来说比较严格。

图 6-13 “奇迹家族”公会

1. 通过公会签约

对于新人主播来说，与公会、抖音进行三方签约，比“孤军奋战”更有优势。

其一，工作稳定。与独立直播的自负盈亏不同，签约主播一般在一定程度上享有固定工资和一些福利待遇。不少希望成为职业主播的零经验者，大多没有稳定的收入来源，想要通过直播来维持生活，签约恰巧能够解决前期的拮据，还能在一定程度上帮助自己进行职业规划。

其二，强势扶持。对于能够通过考核的新人主播，公会和平台并不要求经验，而更看重先天条件和良好的学习态度。签约之后能够得到公会在各方面的扶持（图 6-14）。其中包括：风格定位、化妆指导、内容建议、技巧提升、素质培训、包装推广等，这些都是新人最欠缺的。

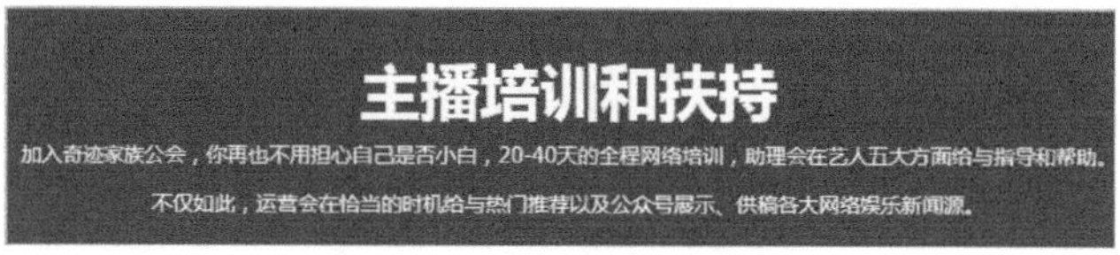

主播培训和扶持
加入奇迹家族公会，你再也不用担心自己是否小白，20-40天的全程网络培训，助理会在艺人五大方面给与指导和帮助。
不仅如此，运营会在恰当的时机给与热门推荐以及公众号展示、供稿各大网络娱乐新闻源。

图 6-14 公会对主播的扶持

其三，手续简单。通过公会开通直播，在很大程度上简化了直播权限申请的过程，也算是抖音对于主播审核的一种分流。与抖音官方达成协议的公会，一般会有自己的绿色通道，这样开通起来就很快了。有兴趣的“抖友”只需要添加公会微信进行沟通和面试签约即可。

2. 主播独立签约

并不是所有人都是“菜鸟”，有一部分主播也因为看到了抖音的潜力转而开始入驻；另外，也有不少想保持独立性的“抖友”，也可以在获得直播权限后，与抖音官方平台签订直播合约。虽然少了一些扶持，但是也没有了直播时长、内容限定的麻烦，在收益分成方面也比较灵活。

独立签约的申请方式与申请直播权限相似（图 6-15）。只需要将抖音的账号昵称、抖音号和常用的微信号（注意不是微信昵称）按照格式编辑好，再次发送到抖音的官方邮箱。通过后，官方会添加申请人的微信号进行核实并与其交谈，并以纸质、电子合同的形式与申请人进行签约。

收件人
添加抄送
分别发送
主题
抖音直播合约申请+昵称
添加附件
超大附件
在线文档
正文
昵称+抖音号+微信号
发送
定时发送
存草稿
关闭
收件人
添加抄送
分别发送
主题
抖音直播合约申请+麓山小抖
添加附件
超大附件
在线文档
照片
正文

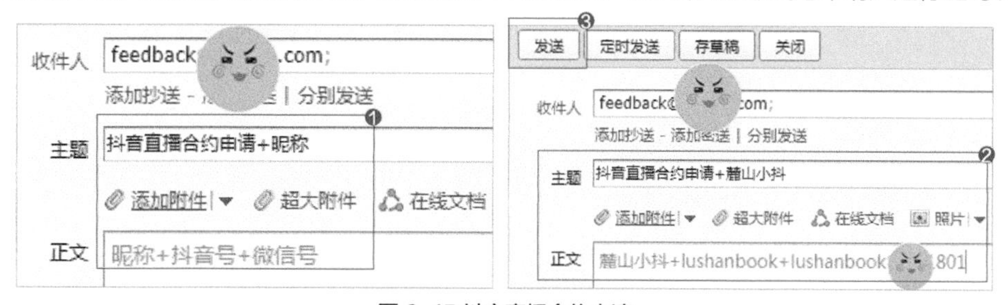

图 6-15 抖音直播合约申请

抖音官方平台的签约合同一般不提供固定工资，而是采取礼物分成的方式，由开播的“抖友”自负盈亏。新人主播的分成比例大约为30%以上，根据直播流量效果有一定的鼓励资金。合同期满后，若主播的人气等方面提升显著，直播的分成也会相应提高。建议开通直播权限的“抖友”可以先进行试播（礼物分成为30%），检验一下自己是否合适的同时，也能积攒一些谈判资本。

签约属于相当正式的合作方式，抖音为了提高主播质量，会进行严格的审查。在收到申请的7个工作日内会与申请人取得联系，而达成协议后会邮寄合同，由申请人寄回之后还需要抖音团队的审核，以及申请人的网络确认，正式敲定并开始执行大约需要1~2个月的时间。

【小抖知道】

为了能够快速吸引流量，很多人采取了相当“博眼球”的方式，这些方式往往涉及侵权、负能量，甚至违反法律法规。抖音在新上线的社区规则中对此类现象明令禁止。目前主要有6大门类：禁止元素（如小猪佩奇）、禁止歌单（如《我是神经病》）、禁止低俗行为（如穿着暴露）、禁止违法行为（如暴力、传谣）、禁止引人不适的行为（如抽烟喝酒、辱骂）、禁止水印（如节目LOGO）。因为网络瞬息万变，抖音团队几乎每个月都在完善自己的社区规则。

6.1.4 进入直播：开启我的直播间

解决了一系列让人头痛的问题，终于可以开播了。从之前的内容（详见图6-1、图6-4）我们可以找到直播入口，不过到此为止依然不算完全开通了直播间。因为要进行直播还需要通过抖音的“文明主播答题认证”，才能正式开播。那么具体该如何操作呢？

步骤01 进入抖音App，在菜单栏中点击“加号”按钮进入拍摄界面，然后在底部功能按钮区向右滑动选择“直播”按钮（图6-16），进入“开播认证”界面。

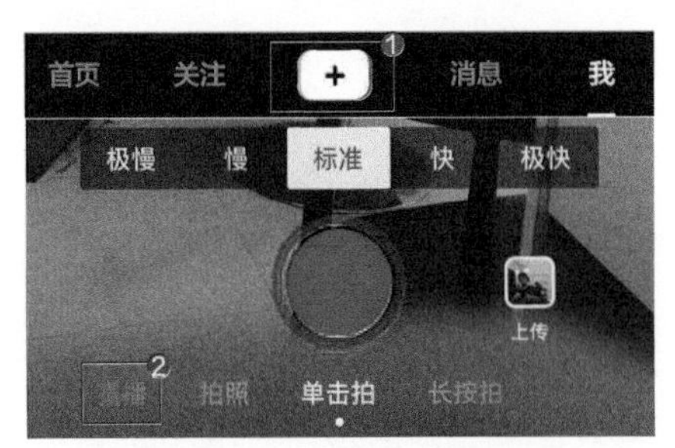

图6-16 进入“开播认证”界面

步骤02 在“开播认证”界面可以看到实名认证、绑定手机号等步骤，在之前的操作中我们已经顺利完成了前三项，在此，只需要点击“下一步”进入“文明主播认证答题”即可（图6-17）。题目属于考核范围不便展示，主要为主播所需遵守的网络文明法规，均为选择题，请“抖友”们诚实作答。

步骤03 完成开播认证后弹回拍摄界面，再次点击“直播”会出现“开启直播”的选项。点击“开启直播”后屏幕中出现“直播准备中”字样（图6-18），请注意确保网络畅通。

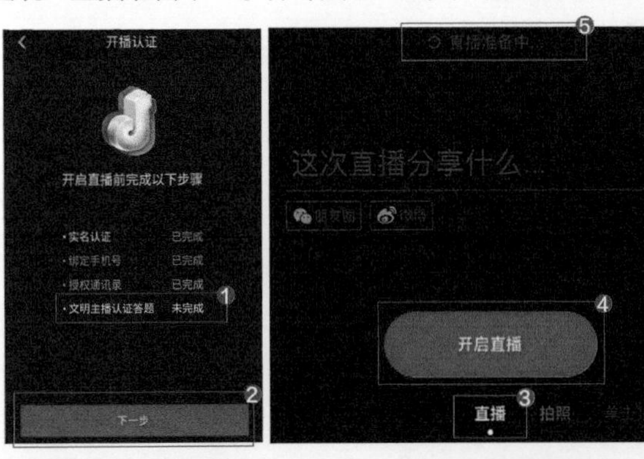

图6-17 进入答题　　图6-18 返回开播

步骤 04 由于直播需求，我们可以通过屏幕右上方的“翻转”按钮调整获取的摄像头（默认为前置）。而点击“这次直播分享什么”可以输入主播想说的话，分享给关注直播的“抖友”们。而如果想要结束此次直播，点击屏幕下方的“结束直播”按钮结束直播即可。

值得一提的是，在开启直播之前，“抖友”们可以根据自己的需求调整效果。摄像头距离的远近、光线的明暗、直播间的装饰等，都是需要提前策划并布置好的。

首先要注意的就是拍摄画面，若主播采用解说式的拍摄方式（自己不入镜），可选用后置摄像头，只需要注意画面是否完整和清晰，我们此刻看到的画面就是观众看到的画面，适当调整即可。而若是采用表演式的拍摄方式（以自己为主），则需要准备一些道具了（图 6-19）。

图 6-19 手机支架（左）和摄影灯（右）

步骤 01 选取距离和角度。主播持手机平举手臂，人的臂展与身高有关，正常人约为67.5cm，这个距离是能够拍摄到坐姿上半身的最佳距离，既不会太远而模糊，也不会太紧而显得脸大或空间小。

步骤 02 将手臂向上抬起15° ~30° ，让摄像头对准脸部，一来可以从视觉上拉长脸部，塑形效果好；二来可以与光源配合，强化视角内的亮度。角度过高会显得矮小，过低则会因过曝导致画面不清晰（图 6-20）。用准备好的手机支架将手机固定在预定的位置。

步骤 03 按照一定的尺寸比例（图 6-21）将摄影灯和LED等布置在侧面及主播面前。侧面的摄影灯有加强光效的作用，而正面的LED灯则是给面部补光用的。

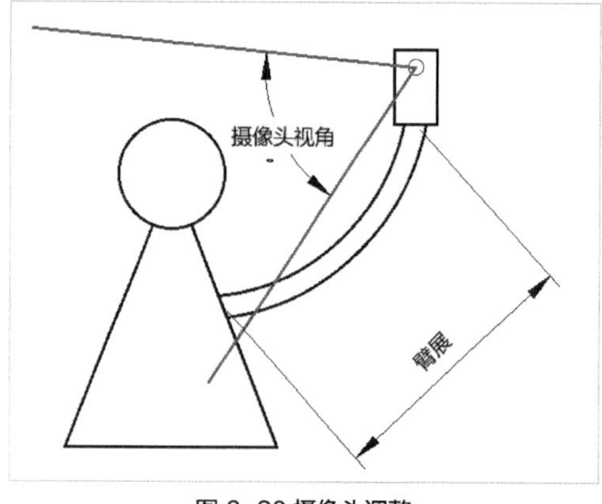

图 6-20 摄像头调整

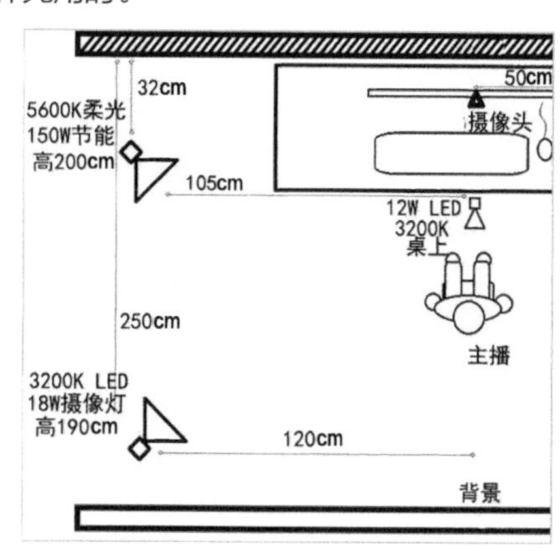

图 6-21 平面布局

其次是声源，一般视频拍摄在较为安静的室内进行，直接使用手机麦克风录制音频即可。若需要背景音乐或直播玩游戏等情况，为了确保主播的声音清晰，可以采用领夹式的麦克风。

通常来说，一套较为专业的直播装备（不含手机）所包含的麦克风、摄影灯、支架、自拍杆等花销并不算太大，1200~2000元已经足够用于手机直播辅助了。其中，自拍杆和领夹式麦克风则是户外直播必备的工具了，抖音户外直播所占比重不低，有条件的“抖友”最好提前准备。

另外，直播前可使用安全软件测试手机当前网络速度（图 6-22）。在连接无线Wi-Fi的前提下，确保网速可以达到50~100MB/s，基本不会出现卡顿；而流量直播则需要提前确认好4G信号是否稳定，以及流量是否充足（最好办理流量不限量套餐）。然后，开播吧。

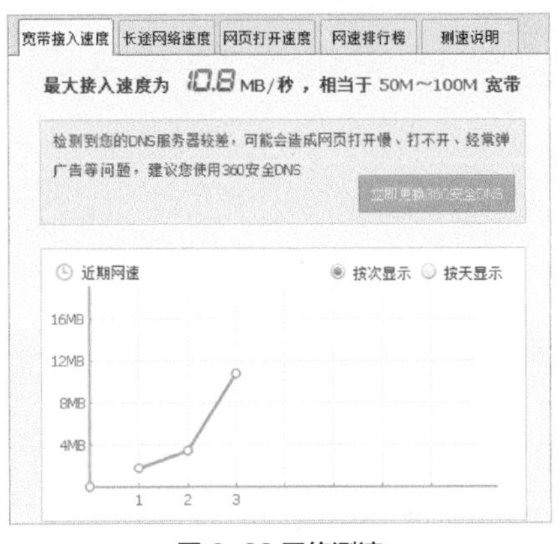

图 6-22 网络测速

【小抖知道】

关于直播，2016年4月13日，百度、新浪、搜狐等20余家直播平台共同发布《北京网络直播行业自律公约》，承诺网络直播房间必须标识水印；内容存储时间不少于15天备查；所有主播必须实名认证；对于播出涉政、涉枪、涉毒、涉暴、涉黄内容的主播，情节严重的将列入黑名单；审核人员对平台上的直播内容进行24小时实时监管。

【“抖友”分享】如何发送视频链接

抖音中发送直播视频链接除了在直播端口点击发送到“朋友圈”和“微博”之外，也可以跟分享短视频一样，在视频页面中找到并点击“分享”按钮打开分享页（图 6-23），将直播网页链接分享至需要的第三方平台。不像短视频需要下载到本地再进行分享，直播的链接，只要其他“抖友”直接点击就可以打开观看，当然，前提是手机中安装了抖音App。

图 6-23 分享直播视频链接

目前抖音并没有录播功能，也就不能自动轮播，因此在直播结束后，网址链接就直接失效了。还有“抖友”存在这样的疑惑，直播能分享到电脑端观看吗？不能，分享的网址在电脑端打开后，只会显示该账号目前状态为直播 正在抖音直播中... ，想要观看需要扫码进入抖音号。

6.2 手机直播的技巧

直播不是录制视频，没办法暂停和重来。因此，“抖友”们在选择开播前，除了硬件准备，还得策划好自己的直播内容，熟悉直播的“套路”。一个优秀的视频作者并不一定就是一个好的主播，强如视频达人“papi酱”，进军直播的第一战自己都直言打得略显紧张（图 6-24）。没有了特效、没有了变声器的直播，其实更像是一次节目主持，除了应变能力，得体的内容安排也非常重要。

papi酱 V
2016-7-11 22:58 来自 iPhone 6 Plus
感谢你们今天来看我直播！！我太紧张了大家见谅啊啊啊啊！！

图 6-24 papi酱微博

6.2.1 内容定位：用户的画像特征

对内容的规划和定位离不开用户的需求，具体到抖音直播就是给“抖友”们画像。我们不得不再次强调抖音是什么，是一个年轻人的音乐视频社区。那么，用户是谁？要什么？他们的年龄、性别、职业又是怎么样的？最为关键的，我们能给他们提供什么？对这些元素的分析，构成了用户画像（图 6-25）。足够了解用户，了解自己的潜在观众，才有可能把他们拉过来。

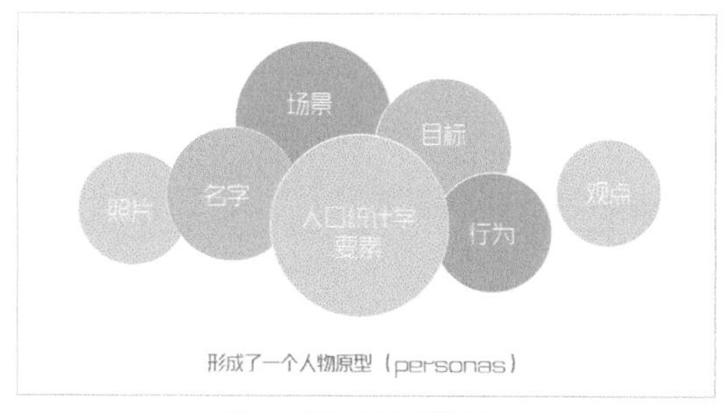

图 6-25 用户画像要素

1. 群体分析

根据网络数据统计，在抖音用户抽查中得出：抖音App的用户中25~30岁的约占29%，而30~35岁的约占35.6%（图 6-26）；男性约占48%，女性约占52%；超61%的用户居住在一二线城市。通过数据，我们可以归纳总结出，抖音的核心用户是“80后”和“90后”的都市白领，无明显男女倾向。

不妨在此整合一下关键词——年轻的都市白领。众所周知，这是一群有思想、爱冒险，但又因为工作和生活而忙碌的人，这些人都有或多或少的压力需要释放（图 6-27）。这样的人群需要的是什么就不言而喻了：碎片化的、畅快淋漓的娱乐和放松；正能量和积极向上的鼓励；生活的小妙招；提升工作能力的教学；温暖的亲情和治愈的萌宠；甚至是单纯让人捧腹大笑的恶搞。

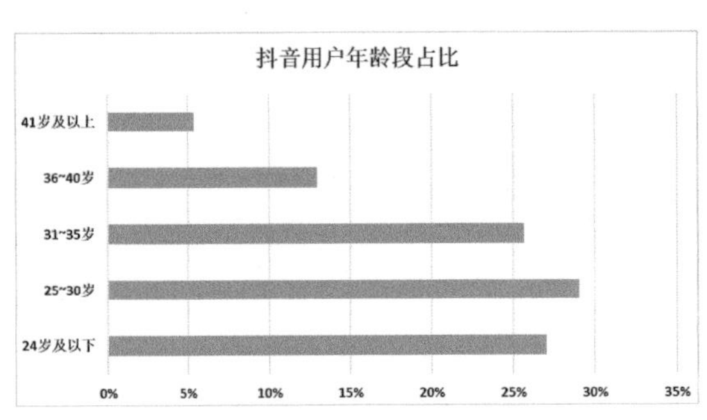

图 6-26 抖音用户年龄段占比

图 6-27 焦虑的年轻都市白领

虽然可以从消费、时段等其他信息来丰满这个用户画像，但实际上归纳一下直播内容的类别，他们需要什么就可以了解得差不多了。结合直播内容的数据调查，较为热门的内容大致有：歌舞才艺、搞笑段子、健康生活、情感频道、软件学习等。大致可以分为娱乐、生活和学习三大类。

其一，娱乐。对颜值、天赋要求较高，对此方面有自信的“抖友”可以尝试一下，没有明显的集中时段，观众特点为零散观看，每次时间不长，但可以持续一整天。

其二，生活。风景、情感等方面的即时分享，“带”着大家一起旅行和逛吃，或者为大家提供感同身受的情感建议都是不错的。

其三，学习。拥有烹饪、软件、艺术、美妆等一技之长的“抖友”，也可以为大家带来一堂生动的网络课程（图 6-28）。最好选在晚上18:00以后，建议不超过2小时。

图 6-28 软件（左）和绘画（右）也能直播

2. 主动引流

有市场就会有竞争，需求量大的内容往往也意味着同质化严重。很多“抖友”甚至会面临“同样是做教程，为什么我的直播流量会比他差这么多呢？”诸如此类的问题。短视频积攒的人气基数是答案之一，如果没有积攒一定的人气就开播，注定会有这样的心理落差。

抖音的热门直播是随机推送的，与当前观看人数没有太大的关系。是否只能被动等待？其实可以利用关键词的串联，让我们的直播更容易被搜索到。在短视频的简介中输入与账号昵称、直播主题相同的关键词，如浅食（瘦身常用词汇），就加大了被搜到的概率（图 6-29）。

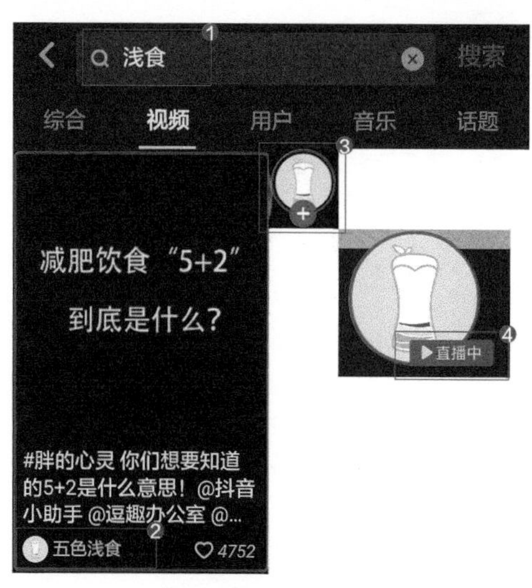

图 6-29 用关键词引流

有明确需求的“抖友”往往会主动去搜索关注领域的视频，一个热搜的昵称或简介，很容易把自己的视频推到靠前的位置。我们都知道正在直播中的“抖友”头像会出现红圈提示，人的好奇心是很强的，点进去看一看直播的可能性很大，如果内容有吸引力，观众就会“驻足”了。这也就意味着，在前期，我们需要花更多的时间来直播，让其他“抖友”能更容易“偶遇”我们。

【小抖知道】

抖音的直播也可以设置封面。直播封面的设置与短视频类似，也比较简单。在进入直播界面并开启直播后，根据提示按钮选择设置封面，点选相册中的图片确认完成即可。封面也是直播重要的一环，不管是自拍美图、动漫卡通，只要能吸引大家的注意，对新粉丝的加入都是极为有利的。另外，直播的封面不要违反规定，否则可能被封禁。

6.2.2 直播礼仪：礼物的念白感谢

迎来我们的第一波粉丝之后，千万不要只顾着激动，忘了感谢粉丝的支持。不论抖音，还是直播，这两个概念都包含着强烈的社交属性。粉丝来观看直播，并不单纯为了获取知识，更重要的是与主播、其他粉丝之间的互动交流。粉丝的礼物打赏不是硬性要求，而是自发行为，在受到无视之后更容易产生心理落差，进而开始抱怨，甚至会导致“脱粉”（图 6-30）。

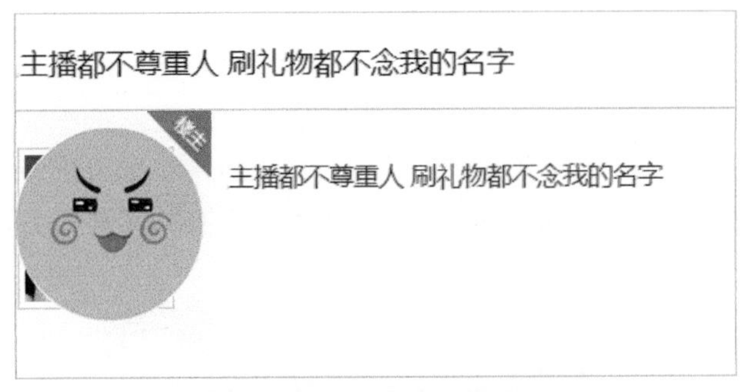

图 6-30 某主播粉丝在贴吧的抱怨

在大多数粉丝看来，对于礼物的念白感谢已经成为主播的基本礼仪。对于主播本身而言，除了体现素养之外，更是对粉丝团体的一种经营。如果把每一个直播间比喻成一家社交公司，主播就是“董事长兼任CEO”，是当之无愧的领袖，影响整个团队。粉丝相当于公司的员工，活跃的粉丝同样有着被“领导”赏识和器重的诉求，也同样期望“同事”的认可与崇拜。

对礼物的念白感谢就是满足粉丝诉求最直观的手段，但这并不是一件如我们想象中简单的工作。在一些比较老牌的直播平台上，都有相应的自动答谢插件（图 6-31），这就是为了“解放”一些大流量主播而诞生的。既要保持直播的流程性（不会被不停的念白耽搁时间），又要照顾到每个粉丝的感受（时刻盯着礼物特效和弹幕，以及一闪即逝的名字），实在是困难。

图 6-31 部分直播平台的答谢插件

可惜的是，抖音暂时没有相应的“直播伴侣”或插件出现，这就意味着主播要更加了解直播间后台规则，“投机取巧”地减轻自己的工作量。我们可以把有必要念白的操作进行分类：来访、关注、聊天、礼物。按照分类快速查看，提高自己的职业素养。

其一，来访。所谓来访，指的是直播间有新的“抖友”进入查看，后台对直播间公共聊天频道的文字提醒（图 6-32），如“顽主 加入了”白色字样。对于人气不高的直播间，每一个加入的人都是宝贵的资源，新人主播大可以从加入的人开始进行感谢念白。

其二，关注。一旦关注，就意味着这位“抖友”成为我们的粉丝，下次开播会收到提醒。会出现蓝色字样提醒，人气较低的主播更是需要及时地感谢回馈。

其三，聊天。早期人数较少时，尽可能做到有问必回；人数提升后，要着重关注加入了“粉丝团”的有“铭牌”的粉丝（图 6-33），等级越高，越是需要重点进行回复。

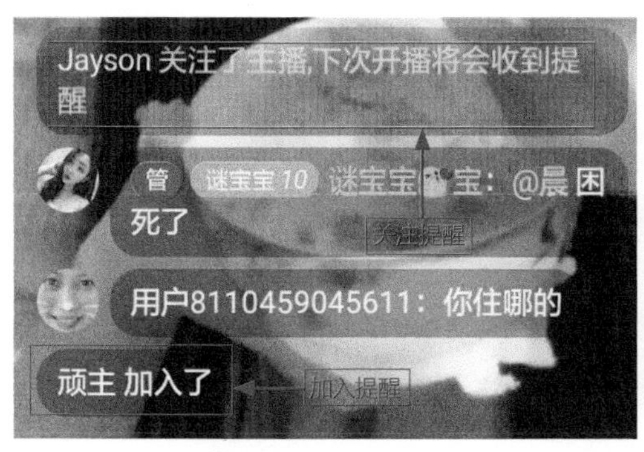

图 6-32 加入与关注

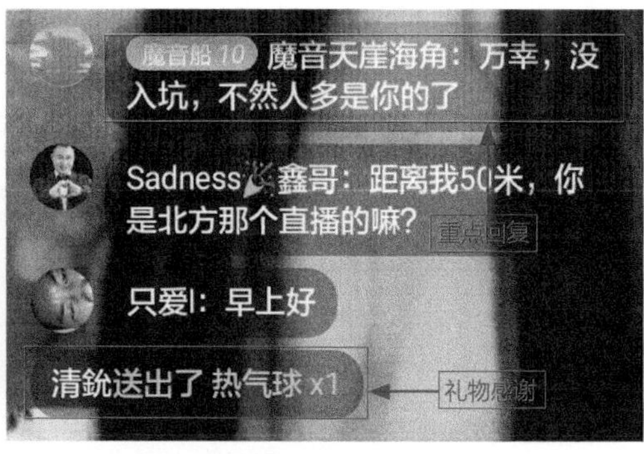

图 6-33 聊天与礼物

其四，礼物。这是最重要的一环，礼物是粉丝通过充值、花钱换来的，是对主播的高度认可。熟悉每件礼物的名称与图标（图 6-34），能帮助主播更快速准确地念出“翻滚”中的赠送。

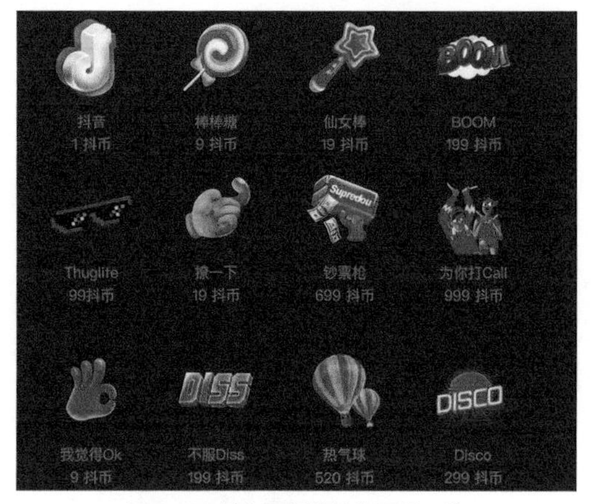

图 6-34 抖音目前的礼物图片一览

【小抖知道】

抖音直播中粉丝名称后面出现“管”字样的是直播间的管理员，可协助主播管理直播间，拥有禁言等高级权限。主播只需要点击直播界面右上角的关注榜进入粉丝排名，点击想要设置为管理员的粉丝头像，就可以设置和取消权限。增加管理员可以对一些广告、违规、低俗发言进行管控，保障直播间的风气，还能成为对一部分核心“粉丝”的认可与答谢，可谓一举两得。

6.2.3 礼物提现：绑定支付的方式

第一次直播圆满结束，来盘点一下自己的收获吧。结束直播后，抖音后台会自动统计本次直播的所有礼物并生成总音浪统计和音浪贡献榜单（图 6-35），前者可以让主播直观总结人气和收入，后者则能够提醒主播应该重点关注的“金牌粉丝”，聪明的主播会根据总结重新对粉丝画像。这里我们先来看看“抖友”们最关心的问题，直播收入提现是怎么搞定的。

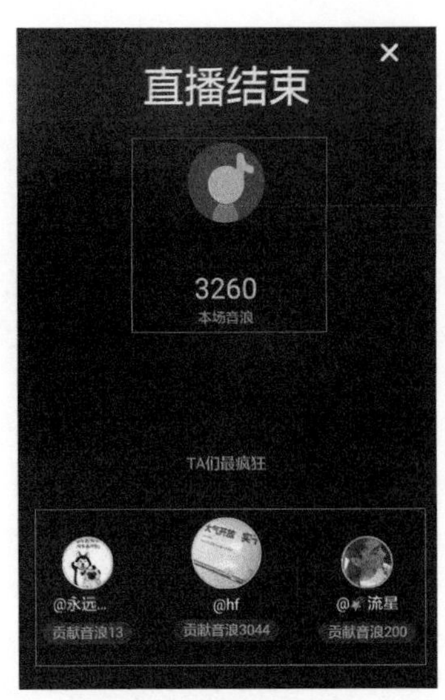

图 6-35 音浪收入统计

步骤 01 直播结束后，返回到“设置”界面，找到并点击“钱包”按钮，跳转到“我的钱包”界面，可以看到包括“充值”“收益”等栏目。点击“收益”按钮（图 6-36）。

步骤 02 在“提现”界面可以看到收益总数和两种提现方式，最低5元起提（图 6-37）。

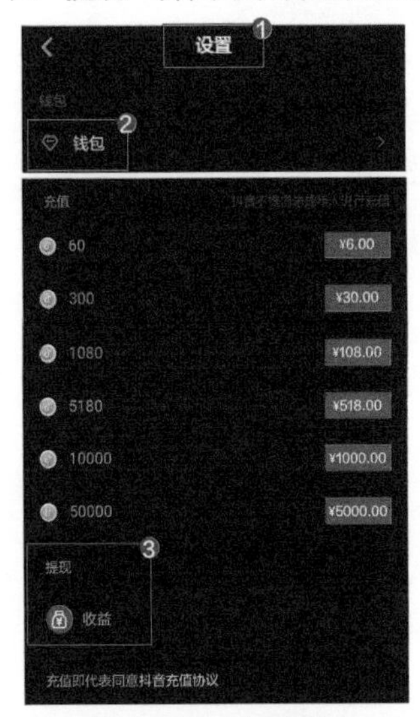

图 6-36 进入提现界面

图 6-37 选择提现方式

步骤 03 抖音推荐使用银行卡（含更多个人信息）的方式提现，点击“提现到银行卡（推荐）”后跳转到相应界面，我们之前已经完成了个人认证，则持卡人只能为认证人本人。输入银行卡号及相关预留手机号码，点击“获取验证码”将验证码发送至手机，填入验证码并输入提现金额，点击“确认提现”完成。

步骤 04 若选择支付宝提现，则需要先通过支付宝授权页面“确认授权”，再选择支付宝账号，同样输入需要提现的金额，并点击“申请提现”完成。

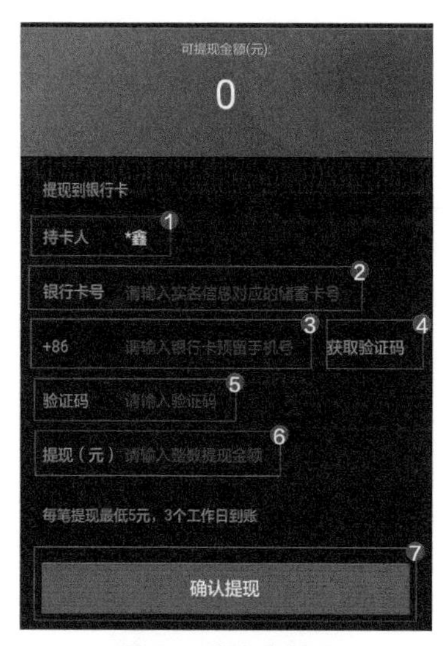

图 6-38 银行卡提现

图 6-39 支付宝提现

值得一提的是，提现不涉及分成问题。在提现之前，所有能够提现的资金已经按照该抖音号签署的协议进行音浪与现金的转换。若提现不成功，则主要可能是因为银行卡持卡人非本人，或支付宝与抖音号认证所使用的号码不同，因此，请“抖友”们尽量使用统一的号码。

【小抖知道】

抖音首次提现所绑定的银行卡与支付宝账号目前不支持解除绑定，但是可以进行替换和增加。若因为手机号码更换等问题，导致银行卡手机业务出现问题、支付宝无法进行身份验证，需要及时到银行柜台或通过网上渠道办理更换业务。提现错误的次数过多，也会导致账号被封禁。如此一来，该账号的直播、长视频权限等，都会暂时停止，严重的甚至出现无法登录的情况。

6.2.4 直播推送：多平台开播提醒

“抖友”们通过抖音获取的第一笔收入或许不算多，但依然是一个好的开始。接下来，需要关心的就是如何提高自己的知名度，吸引更多的粉丝。开播提醒是不必说的，只要是关注了主播的“抖友”都能够在开播的第一时间直接“传送”到主播面前来（图 6-40）。

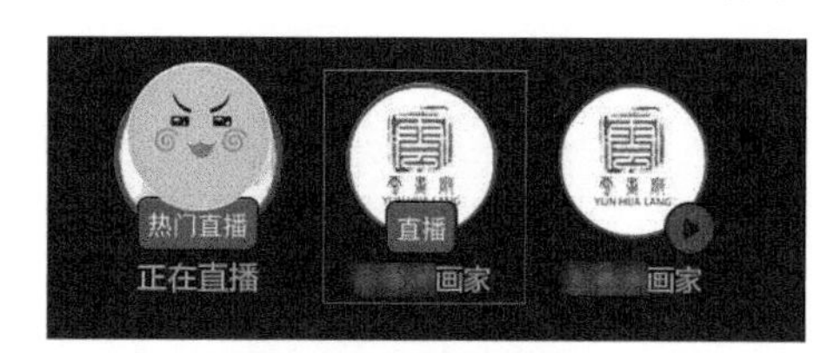

图 6-40 直播“传送门”

除了抖音站内的分享，如何在其他平台进行开播提醒呢？我们之前提到过，可以通过分享按钮生成直播的链接，而直播间的网址分配是不会变的。网址链接可以用文字形式放在任何平台甚至网页上，是可以直接打开的（图 6-41），这就让我们可以选择除了微信、微博之外的更多平台了。

那么，不同的平台各自有什么样的优势和劣势呢？

其一，微博、微信等官方合作平台。通过抖音认证的第三方平台，我们可以直接进行分享操作，简单快捷。但被分享到这些平台的直播链接，会因为目前网络整治暂无法使用（图 6-42）。仍然需要复制链接至网页再进行打开，而粗心的“抖友”可能因此错过很多流量。

图 6-41 网页直接打开直播间

互联网短视频整治期间，平台将统一暂停直接播放。如需观看，仍可复制网址使用浏览器播放。

图 6-42 第三方打开问题

其二，贴吧、粉丝群。永远不要嫌渠道太多，有机会的话，开通直播的“抖友”不妨尝试粉丝闭环运营（稳定封闭的群体），如百度贴吧、QQ粉丝群。这些群体是实时活跃的，一旦主播（即群主）出现并发言，很容易引起群内反响。更何况，这样的闭环内，推广更为精准。

【小抖知道】

不要企图“脚踏两条船”，直播平台的签约主播是不允许在合同期间到其他平台进行直播的。如果有的“抖友”想在其他老牌直播平台宣传自己的抖音直播间，或者反过来，那么毫无疑问会在第一时间被两个平台一起“封杀”，这种行为甚至无法进行申诉“解封”。

【“抖友”分享】直播插件添加特效

不少“抖友”很好奇，很多主播的声音是怎么进行处理的，又是怎么制造那些笑声的？其实都可以通过插件来实现。比较有代表性的就是“森然音效”（图 6-43）。没有太过复杂的操作，只需要在直播时后台打开插件，并选择需要的效果即可，更多有趣功能等待“抖友”们去发掘。

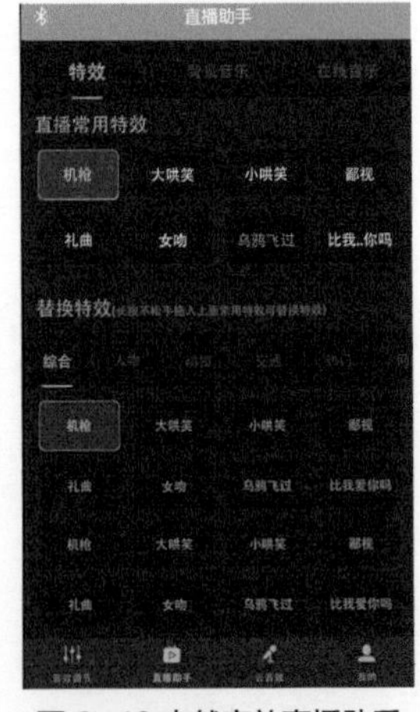

图 6-43 森然音效直播助手

第 7 章 流量变现

有流量的地方就存在市场。作为当红的自媒体新锐，短视频早就被各路电商和营销、运营者盯上了。不论是广告变现、作品变现还是平台签约，都是通过流量产生收益。不像公众号、直播平台那样，通过商城系统或礼物系统，直接让流量变现；抖音短视频作为一个强而力的营销节点，用“脑洞”制造创意，分享创意，把广告和品牌打造成内容本身。

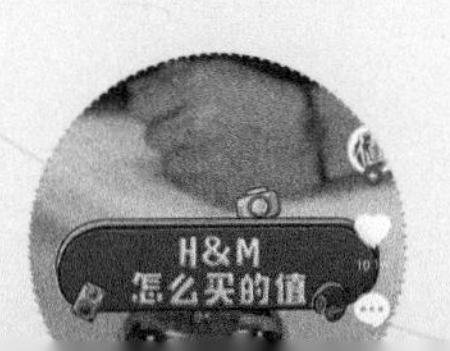

在抖音做营销，究竟需要把视频做成什么样子才算合格？又应该以什么样的时间节点、背景设定去推广自己的视频？这不仅是品牌企业需要学习的，而是每一个想要成为自媒体人的“抖友”必须掌握的运营技巧。下面来看一看抖音运营的具体玩法。

7.1 抖音视频营销法

真正了解抖音短视频后，我们会发现短视频App是无法像其他视频软件一样投放片头/片尾和弹窗广告的（图 7-1）。从时间上来说，短视频大概只有10~15秒，插入广告至少3~7秒，如果插入广告几乎与视频时长相当的话，对于体验感来说是极大的破坏。可以说，想要利用抖音流量变现，植入广告几乎是行不通的。如果有想要在抖音做营销的“抖友”，也得乖乖参与进来，成为用户。

图 7-1 长视频中的广告元素

7.1.1 产品展示：直接秀出来

15秒的时间很短，想要通透全面地介绍一款产品几乎是做不到的。更何况“抖友”们的需求是娱乐、放松，一本正经地念白也是无法引起任何关注的，反而会直接被大家“抬走”。就如同我们接到营销电话，只需要短短3秒钟，听到一句“您好，我们是……”我们就会下意识挂断电话了。这个时候，之前学到的拍摄、剪辑技巧就化为泡影了，只有懂得营销，才能获得机会。

1. 抓住痛点

既然无法面面俱到，那就集中一点突破。短视频的核心作用不在于转化购买力，而在于“引流”。只要能够将“抖友”们的视线拉到需要介绍的产品和品牌上，让他们主动去搜索、传播，就能够起到效果了。在这一点上，成立于2010年的购物推荐网站“什么值得买”（图 7-2）就做得相当好。

图 7-2 “什么值得买”抖音号

这家本来就致力于为用户推荐品牌优惠、海淘资讯、消费测评等信息的网站，可谓是牢牢抓住了消费者的心理——喜欢折扣。在2018年初入驻抖音短视频后，“什么值得买”团队延续一贯的理念，制作了一批“折扣攻略”，拿优衣库、H&M等品牌的价格做起了文章（图 7-3），用内部经验指导“抖友”看准时机下手。我们不妨来分析一下视频中的关键信息。

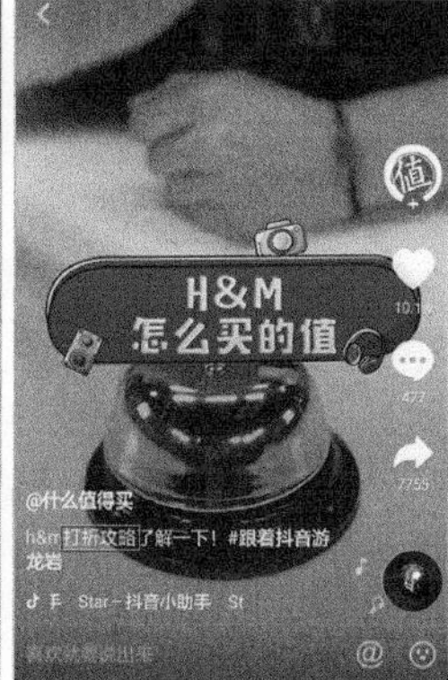

图 7-3 价格牌的解读

其一，主题的设置。在视频封面，用醒目的标牌打出品牌名称和内容。例如，“优衣库怎么买最值”“H&M怎么买的值”，既把受众细分，让大家能找到自己想要的品牌；又用疑问式标题，如“怎么买最值”将受众的好奇心调动起来。在推广的同时，也是真正为受众提供了有价值的信息。

其二，内容的安排。把核心内容放在用户“痛点”上。优衣库、H&M等都是常见的“学生品牌”，既然已经细分了学生这个群体，就不再多去介绍品牌本身了，而是为大家“揭露”这些品牌打折的“套路”。例如，什么时候的价格最低、最值得入手，怎么样从条码中查看折扣信息等，切中要害。

其三，剪辑的手法。只留下关键的对比展示，采用加后期字幕和加速语音讲解的办法，弥补被裁去的内容。为了能够将攻略讲完整又不浪费宝贵的15秒，“什么值得买”制作团队对视频进行了剪辑。我们观看起来并不会因为片段式的镜头而感到困惑，反而有一种流畅、精练的感觉。

“什么值得买”除了折扣信息，还有大量的试用、测评短视频。基于原本较大的粉丝群和转化为视频后不减反增的产品体验感，让其短短半年便累积了百万级的粉丝量。

2. 形成系列

垂直细分让抖音短视频营销受益，因为只要符合音乐、节奏、娱乐的特性，就能被年轻的抖音核心用户所接纳，广告不再只是广告。然而，重度垂直带来的视频“洪流”，也很难让区区一个视频带火一个人或者一个品牌。“抖友”们往往只会在一个视频上停留不超过30秒，前15秒看完已属难得；后15秒可能会浏览相关用户主页查看同类内容，如果没有强有力的系列（图7-4），可能转瞬就会被遗忘。

图 7-4 小米“手机也能拍大片”系列

小米是国内手机通信科技的翘楚，对新鲜事物总是保持高敏感度的他们，自然也不会错过抖音这个营销神器。一直以来，小米“官抖”都保持着高活跃度，新鲜有趣的创意，恰到好处的功能展示，一如他们的口号“一面科技、一面艺术”（图 7-5）。起初，“随手拍大片”是为了宣传小米8的录像功能，但因切中用户“痛点”而反响极佳，“官抖”团队随即推出一系列视频。

图 7-5 小米“官抖”

第一阶段，选择契机。并非所有的视频都适合去做一个系列。至少要符合以下特征：反响上佳，比目前视频平均播放水平高出2~3倍的播放量（图 7-6）；操作性强，能让“抖友”学到东西；延展性好，同类话题能保持6~8期以上形成系列较为合适，低于这个水准会导致系列成本高于收益。

第二阶段，提高内容。千万不要试图一成不变地做系列。至少要在以下方面有所提高：封面制作，抖音号主页是只有视频和点赞数的极简风格，“抖友”们无法通过主页辨识系列名称（详见图7-6），在封面（一般为视频开头）用文字特效加上如“手机也能拍大片⑨”或“巧用手机镜面拍摄风景大片”（图 7-7）可以增加系列辨识度；知识拓展，永远不要受困于话题，耿直地推广产品并不等于只说产品本身，如小米的这个系列，就巧妙借助诸如透明塑料板、衣架等制作雨天效果和旋转镜头的道具，在趣味中不动声色地将产品植入进去。

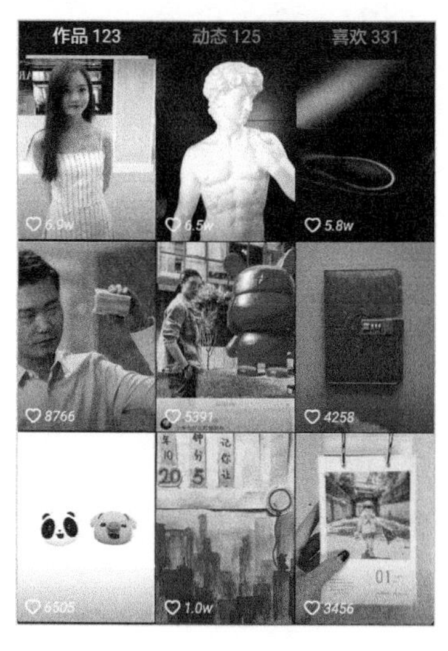

图 7-6 播放量

图 7-7 设计封面

或许这些创意并非特别实用，更不是自己的原创，但我们时刻要注意抖音的娱乐属性，并不需要过分拘谨地去制作，只要好玩、好看就是一种成功。

【小抖知道】

若“抖友”并不想花时间或心思自制广告，大可通过今日头条投放。抖音广告从5000条起投，按照CPM（展现）计费，1000条的展现大概5~10元；按照CPC（点击）计费，每点击一次0.3~2元。正规后台，竞价模式，客户自己可控制出价和投放条件，如选择哪些地区，选择哪些人群等。

7.1.2 制作周边：品牌软植入

营销并不是通过单一的技巧就能成功的，往往是一环扣一环的。抓住“痛点”之后要趁机形成系列，而升华系列又需要寻求改变，只守着自己的一亩三分地，观众迟早会审美疲劳。这种把自己的品牌和产品不经意间注入到趣味故事中的手法，就叫软广告（简称“软广”）。在短视频中植入“软广”不能像文案一样，做大量的铺陈和设疑，要时刻记住，我们只有15秒的展示时间。通常会用到的方法有以下两种。

1. 形象植入

不论是实体产品还是虚拟产品，想要被人记住，除了形成系列作品，还需要统一的形象。类似于一些受欢迎的电视节目一般都会有固定的主持人，而如果经常更换主持人则会降低观众的黏度。网易游戏的“小易”（图 7-8）就是比较典型的形象植入。通过让这个形象成为“一代网红”来达到营销目的。

图 7-8 网易虚拟形象“小易”

游戏作为虚拟产品，宣传视频的局限性较大，如果一直推游戏难免让人反感，“小易”应运而生。最初“小易”是一个白色大头娃娃的漫画形象，胸前有网易游戏LOGO。在官方的运营下，这个形象代表网易游戏与玩家频繁互动，因其可爱、幽默而深受玩家喜爱，成为“网红易”。在入驻抖音短视频后，“小易”逐渐“实体化”，节日营销、话题营销等玩得不亦乐乎。

那么，虚拟形象究竟如何成型呢？

第一步，形象设计。成功的虚拟形象并不只是一幅画、一张脸，而是真实的“一个人”。他除了需要一张“品牌”脸外，还需要被赋予人格。设计形象时，融入品牌LOGO是必须的。LOGO需要显眼、对比鲜明，让人能清楚分辨出来。而人格的赋予分为两个方面，表情（图 7-9）和行为。

图 7-9 “小易”多元化的表情

第二步，丰富人格。自“小易”走红，网易游戏也为其添加了多款新的“造型”来配合不同的场景视频。而这些设计与制作成本并不算高，即便是个人运营也能实现。行为方面则需要一定的策划能力，除了考虑融入品牌文化和产品属性（网易游戏为娱乐属性），还要对网络文化有深入的了解，例如“小易”模仿“tony老师”和跳“抖音网红舞蹈”的视频，就成功将一大批“抖友”转化为“易粉”。

2. 幽默故事

或许形象植入并不适合所有的品牌，毕竟网易游戏经常举办线下活动，吉祥物“小易”的展示机会和知名度都比较高，而且游戏本身就与虚拟形象挂钩。如果将天猫的“黑白猫”形象（图 7-10）套用在网易游戏的营销方案中，反而会让购物网站稳重的形象过多地娱乐化。

图 7-10 天猫LOGO

天猫官方抖音号并非没有尝试过采用虚拟形象拟人化的手法拍摄短视频，而且是漫画和真人扮演双管齐下，但平均点赞数没有超过2000个，确实不能算是效果显著（图 7-11）。而其中也有一个例外，一则解释天猫LOGO背后“故事”的短视频走红，点赞数破6万。在这个小故事中，“黑白猫”作为LOGO，其实是在网络“对外窗口”趴着（图 7-12），配合红色屏幕显示而形成的。

图 7-11 “黑白猫”视频

图 7-12 美照的幕后真相

总结来说，制作幽默故事需求有二：合适的热点与“自黑”的精神。

这则视频之所以会走红，故事的幽默“自黑”占了一半，而另一半则要归功于当初天猫LOGO设计本身就是征集网友意见而成的，关注度较高，而官方对于最后选择的理由也是“三缄其口”。悬而未决的热门话题加上奇思妙想的解答，更何况是“官方解码”，受欢迎也在情理之中。

【小抖知道】

抖音产品负责人王晓蔚表示：“85%的抖音用户在24岁以下，主力‘达人’和用户基本都是‘95后’，甚至‘00后’”，不难看出，这批人是未来的核心消费人群，而抖音则是他们的核心阵地。因此，在抖音做营销把握核心需求，就应该去深入研究他们的需求，为他们“画像”。

7.1.3 放大特性：印象深刻化

从前面的例子中，我们不难看出想要“软化”需要具备一定的幽默细胞，用“脑洞”将产品或品牌优势包装得更符合抖音这个平台上以年轻人为主的用户口味。“抖友”们喜欢轻松好玩的视频，那么就没有必要将广告打造得上纲上线。当然，这是要在杜绝虚假宣传的前提下。就像我们如果去购买“雪佛兰科迈罗”（图 7-13），它也绝对不会如同电影里一般变成“大黄蜂”。

图 7-13 “大黄蜂”原型汽车

1. 创意展示

再次来看看小米手机的案例，为了突出红米Note 5美颜相机功能的强大，小米采用了颇为“恶搞”的宣传手法。视频作者在“老板胁迫”之下使用了木瓜和草莓这一对“皮肤粗糙”的试验品，拿出Note 5用美颜相机进行拍摄，结果照片分别“处理”成了香瓜和樱桃这一组“肤质白嫩”的成品。这种极尽夸张的宣传手法非但不让人觉得反感，还在极短的时间内收获数千点赞量。

其实，通过前面的拍摄和后期教学，大家都知道，这是采用了剪辑手法。分别拍摄用美颜相机照几种水果的视频，再用剪辑软件去掉多余的部分，这就实现了木瓜“变”香瓜的效果（图 7-14）。最后，小米官抖并没有忘了在视频简介中强调“物种变了”，善意提醒“抖友”们切莫当真。

图 7-14 红米Note 5的“魔术”美颜效果

创意虽然属于幽默夸张，但却能给观看过的“抖友”留下深刻的印象。一部分是因为视频本身足够有趣，产生“爱屋及乌”的心理；另一部分则是出于好奇心，想要知道真实的效果究竟能好到什么样。不论如何，只要吸引到关注（图 7-15），达到“引流”的效果，这就是一则成功的视频广告。

图 7-15 视频反馈

2. 对比手法

当然，放大特性也并不意味着一定要夸张，例如，在产品参数这一点上，是绝对不能夸大的。摄像头的像素、CPU和存储空间大小，这些显而易见的数据是说一不二的，一丁点儿的夸大都会涉嫌作假。如果想要突出这些方面的特点，就可以学一学同是手机行业的魅族品牌了。为了推广新产品强大的功能，魅族官抖制作了一则名为“给我1秒钟，我告诉你一个天大的秘密”的视频（图 7-16）。

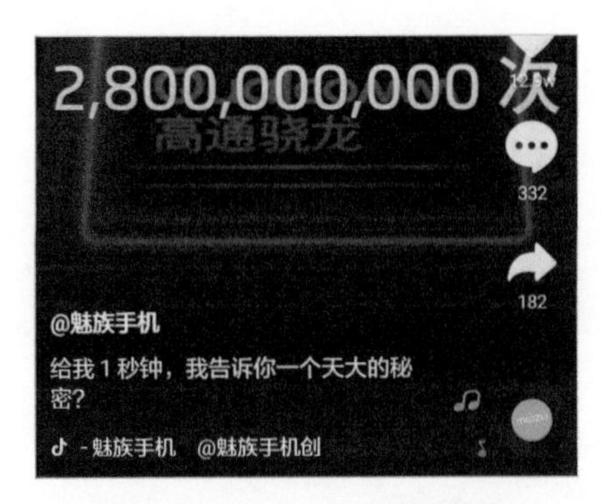

图 7-16 魅族CPU的1秒运算次数

或许直接描述为1秒运算28亿次，大多数的“抖友”不会感觉到多大的震撼。然而在经过了一系列的数据对比后，从个位数到十位数、百位数，再到数以万计、亿计，很容易就让我们感受到了魅族16这款手机所搭载的骁龙核心运算能力之强大（图 7-17）。值得一提的是，在视频中最后展示计算次数，并没有用中文计量单位，而是用了8个“0”来从视觉上突出效果。

图 7-17 1秒钟的对比

魅族的案例很好地向我们证明了，放大特性并不一定需要夸张，有技巧地去陈述也能够起到很好的效果。要注意的是，并没有最好的技巧，只有最合适的技巧。具体采用什么样的方法去营销，也需要我们因时制宜，而不是一味地模仿。

【小抖知道】

茵曼作为一个服饰品牌，在抖音上的运营很成功。2018年5月中旬开始运营，截至同年7月底，获得了282.5万的点赞数和29.9万粉丝数，其中一个爆款视频达到了132.1万点赞数和11.7万次的转发。像这样的例子还有很多，各大品牌的入驻和成功，足以说明抖音作为“引流”平台的强大能力。

7.1.4 描述事实：口碑做展示

如果说产品的展示、周边的制作和放大特性的手法需要一定的群众基础，对抖音运营来说显得门槛较高的话，那么，什么样的技巧适合零基础或“触网”经验尚浅的个人或小型门店呢？踏踏实实做口碑，无疑是最为稳妥和简单的方法。只要我们的产品或服务本身够好、够有创意，配合一些传统的活动，就能让自己在抖音平台上占据一席之地，甚至爆红也未可知。

1. 效果证明

不少“网红食品”，尤其是“网红奶茶”就是很好地利用了口碑营销。“不看广告看疗效”，品质上的胜利往往是占据风口的“万金油”。且不论“一点点”“茶颜悦色”这些“老牌网红”，一些非连锁的地方小店生意火爆，都要得益于顾客们的抖音“免费”推广（图7-18）。

这家名为JOJOKIKI的奶茶店只是位于杭州的小众店铺，并非知名连锁店。我们甚至无从考证第一次的抖音传播来源于谁，开始于何时。在杭州的同城推荐中获得多次效果证明之后，逐渐进入本地抖音“达人”的视野。“达人”需要内容，店铺需要口碑，这种合作往往是一拍即合的。店铺如果有足够的自信，甚至可以自己充当“网红”（图7-19），就成本上来说一般不会太高。

图7-18 “抖友”分享JOJOKIKI

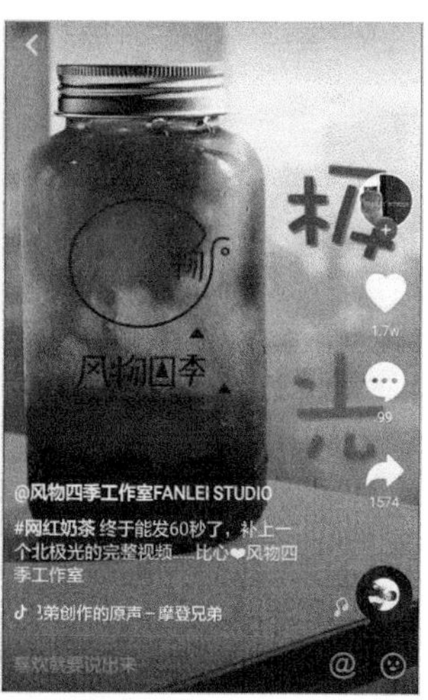

图7-19 联合宣传（左）和自我宣传（右）

若选择与抖音“达人”合作，以客户量的展示或成品展示为主，利用“达人”的公信力和流量进行宣传即可让更多人到店消费。而选择自己来，则适合将制作过程、原料和创意手法等作为卖点，尽量用华丽的视觉效果吸引关注。前者可以速成，后者则更具备话题性。

2. 地标分享

相信绝大部分“抖友”在看到这些“网红店”后，第一反应都是“这家店好像不错，在哪儿啊”。这些店铺在抖音上“爆红”之后，很容易成为一座城市的地标；而相反的，很多游客来到一座城市后，也喜欢去搜索本地的“网红地标”。例如，广州塔（图7-20）就成了抖音“达人”的聚集地，以前游客只是来看塔，现在更多的是来看人，来看抖音“达人”的现场录制。

图 7-20 广州塔成为抖音“网红”

在长沙有着这样一家地标性的“网红店”——Soso Brand（图 7-21），可以说这家店就是奔着成为长沙的抖音地标而去的。新开不久的Soso Brand并不好找，大有“酒香不怕巷子深”的气概。虽然位于长沙核心商业区，却没有显眼的门面，反而是在一面普通的墙壁上造了一个类似自动贩卖机的门。如果没有看过这个抖音视频，或许我们连门在哪儿都找不到。

这不是和成为地标背道而驰吗？并不是。从里到外，这家店都是冲着“抖友”们的爱好去的，满满的都是“套路”和“小清新”。除了让人眼前一亮、忍不住想拍照的门，其装修风格也是值得学习的。颇具文艺气息的纯色搭配，好玩的滑梯，都会让人忍不住分享。

图 7-21 Soso Brand

而这种风格的店铺，Soso Brand并不是独一份儿，在成都、广州等地的不少些酒吧、KTV都采用了这种“柳暗花明又一村”的设计风格，目的很直接：变成这个城市的抖音地标。以商家的身份入驻抖音，还有在视频中生成“地图标签”的福利，“抖友”只需要点击图标即可进入地图页面（图 7-22）。

图 7-22 抖音地标地图

【小抖知道】

在视频的图标中，可以看到当前距离，以及来此“打卡”的人数。而地图页面中可以直接分享和收藏店铺，也可以直接导航，还能查看营业时间等信息，甚至致电商家进行餐位预定等。对于常玩抖音的本地人和游客，这条视频一旦出现在同城推荐中，就很容易形成“暗示”。

【“抖友”分享】原创视频效果更佳

不同于我们平时用来娱乐的模仿和套模板拍摄的简单小视频，用于商业和营销的短视频，最好能够做到原创。因为只有与众不同的、属于自己的内容，才能让“抖友”们了解并留下印象，这是流量转化重要的一步。我们可以看到，绝大部分有条件的品牌宣传视频，连音乐都是原创的（图 7-23）。

卡手机 @小米手机创作的

图 7-23 小米原创

当然，除了原创内容的独特性和吸引力之外，用于商业用途的短视频，其音乐、模板的套用都会涉及版权问题，而原创可以规避高额的版权使用费。

7.2 推广节点需掌握

懂得利用抖音短视频内容进行营销之后，并不意味着就理解了流量变现的全部法则。抖音的推送率虽然极高，但视频基数之大也是我们难以想象的。前面的测试告诉我们，如果不停地看，1小时大约也就能刷完300多个视频，与此同时新增视频的数量是这个数字的上百倍。非“抖友”主动搜索的情况下，想让自己的视频被更多人看到，就需要掌握关键节点（图 7-24）。

图 7-24 关键节点

7.2.1 黄金时间：争取最初10分钟

说到节点，最为直观的自然就是时间节点了。我们都知道，抖音短视频App会不停地向我们更新推送的内容。不同于我们在首页的推荐，这些热搜上的视频，是由实时点赞数排名决定的。其中关键词热搜榜和音乐热搜榜等榜单大概会在1小时左右进行一次更新；而抖音热搜中的视频榜更新极快，大约每10分钟（图 7-25）选出人气增量较快的一批视频。

图 7-25 抖音视频热搜榜更新

假定某“抖友”于15:00前发布视频，后台将会统计10分钟内的爆发力，若截至15:10该视频点赞数进入前20名，则会刷新在视频榜上；若在15:00后发布，则因为需要统计满10分钟，会在15:20的榜单上被刷新出来（图 7-26）。这也就意味着，10~20分钟，是冲上抖音视频热搜的时限。

图 7-26 竞争激烈的热搜榜

尤其是最初的10分钟，如果能出现在榜单上，就意味着在接下来的几个10分钟之内可以被更多的人看到，从而保持竞争力。前20名一般会在20分钟左右保持一个相对稳定的位置，之后热度慢慢下降，被新的视频顶替。正是因为只统计10分钟之内的爆发力，抖音视频榜并不会被流量明星的视频长期垄断，给了“草根达人”们更多展示的机会（图 7-27）。

图 7-27 抖音视频榜某时段第1名（左）和第20名（右）

我们可以看到，榜单上并不一定都是百万粉丝甚至千万粉丝的大明星。因为绝大部分明星发布作品频率较低，反而不会是主力军。那么身为“草根”，我们究竟怎么抓住这10分钟呢?

其一，勤发视频。在早期粉丝数量不多的情况下，被主动搜索的概率并不高，数量战术虽然是笨办法但却极为有效。单纯从抖音后台机制来看，视频越多，我们就越容易被发现。

其二，鼓励转发。最初的转发往往来自核心粉丝和好朋友，“抖友”们大可以在视频中@自己的粉丝中活跃度较高、流量较大的人，以增加被转发和被其他人看到的概率。

其三，多屏互动。不要仅限于抖音本身，如果可以，把头条号、微信、微博等全部利用起来，甚至可以在QQ群、微信群中通过分享链接的方式让人看到。

其四，搭载热点。尽量使用高赞、高搜索的音乐和热搜榜中的话题，通过其影响力来增加曝光度。

其五，提高质量。这句看似是空话，却是最根本的，认真学习和钻研选材策划、特效剪辑等技巧，拍出独一无二的视频，才能让以上四点所谓的转载和曝光得以实现。

【小抖知道】

著名波谱艺术领袖安迪·沃霍尔（美国）曾说过“未来，每个人都能出名15分钟。”。虽然他1987年就已经与世长辞了，他也没有经历过互联网时代。但他对媒体传播能力的见解却是十分准确的：现在，因为短视频的崛起，每个人都能出名15秒。

7.2.2 高效频率：抓住用户集中时段

数据显示，平均每位“抖友”每天的观看时间约为20.5分钟，即至少可以看80多个完整的抖音短视频。这20多分钟并非是完整的时间段，而是碎片化的观看时间拼凑起来的。有网友统计，在抖音某一天更新的2万条视频之中，破1000条发布量的主要是13:00到22:00这段时间（图 7-28）。

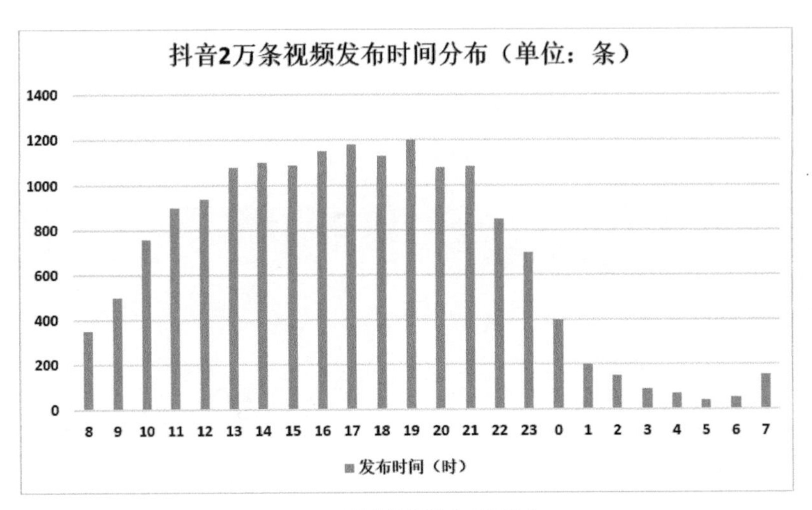

图 7-28 抖音视频发布时间分布

其中，峰值为1200条左右，最接近的是17:00和19:00，而在23:00后出现断崖式下降。我们不难看出，抖音用户最活跃的时间为下午到晚上。而17:00~19:00为下班时间，大部分“抖友”都处在回家后吃饭的档口，这也是发布视频的集中时段，因为在卸下了一天的疲惫后，需要娱乐来转换；也只有这时段才最为闲暇，最有可能去拍摄视频。

点赞数量的分布则略有不同，虽然同样集中在下午到晚上，但峰值出现在13:00和18:00这两个时段。这很好理解，一个是午休时间，一个是回家的路上（图 7-29）。有了数据的支持，我们就很容易判断视频发布的节点——跟着点赞峰值走。如果“抖友”们想要自己的视频被更多人看到，不妨选择这两个点赞峰值时间段发布。

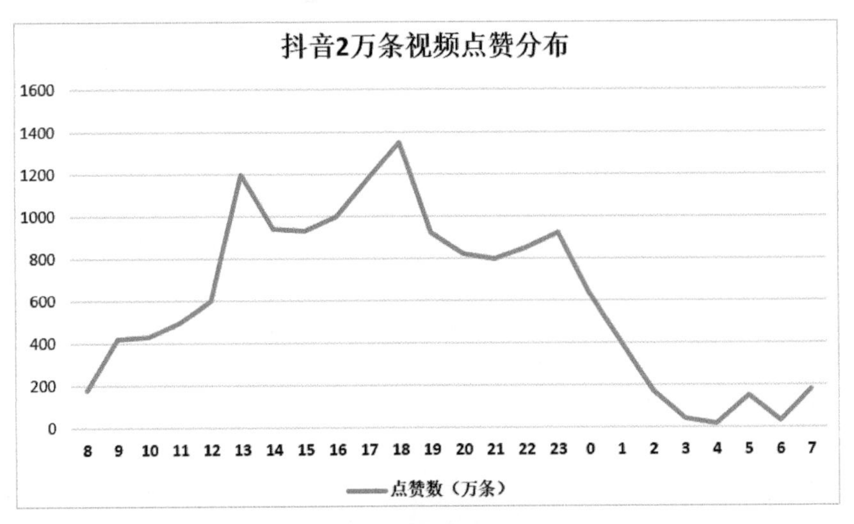

图 7-29 抖音视频点赞分布

综合两个统计图来看，18:00左右既是发布高峰期，也是点赞高峰期；而13:00视频发布量相对较少，点赞数却处于第二峰值，显然竞争也较弱。从“性价比”来看，13:00是最佳的发布时间。不过也不能一概而论，特定的主题、特殊的节日、独特的商品，都有可能成为影响因素。

因为“抖友”们存在喜好分类，所以并不是每一个“抖友”都是视频营销的核心用户群。

【小抖知道】

1:5000:100原则：发布的视频，最好能在1小时内播放量突破5000次，点赞数大于100个，这样得到抖音后台系统推荐的概率就会大很多，上热门的概率也会增加。接下来如果顺利的话，播放量很可能会直线飙升到10万次左右，甚至可能爆发到100万次以上。并不是说只有“大V”才有机会“爆发”，抖音的更新量和刷新机制对绝大多数“抖友”都是公平的。

7.2.3 注重原创：经营粉丝需要内容

如果说时间是物理节点的话，那么原创就是心理节点了。再优秀的营销和推广，也只能起到增加“引流”效率和提高变现机会的作用。而最终是否能够持续变现，看的还是内容。毫无内容的短视频，即便营销得当，吸引了大批粉丝，也会因为后继无力而迅速“脱粉”。粉丝需要合理经营（图 7-30），才能转化为购买力；流量也需要经营，才能变现。而原创内容总要贯穿始终。

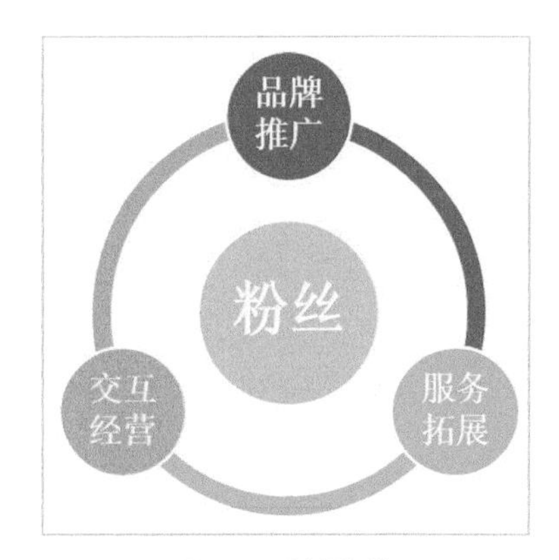

图 7-30 粉丝经营

其一，品牌推广。脱离品牌的短视频固然可以好玩，但是对于流量变现的意义并不大。在前面的视频营销法中，我们已经充分了解过品牌的重要性，要么树立品牌虚拟形象；要么直接推广品牌产品。事关品牌文化的建立，就必须从原创的角度出发，避免“山寨”（图 7-31）。

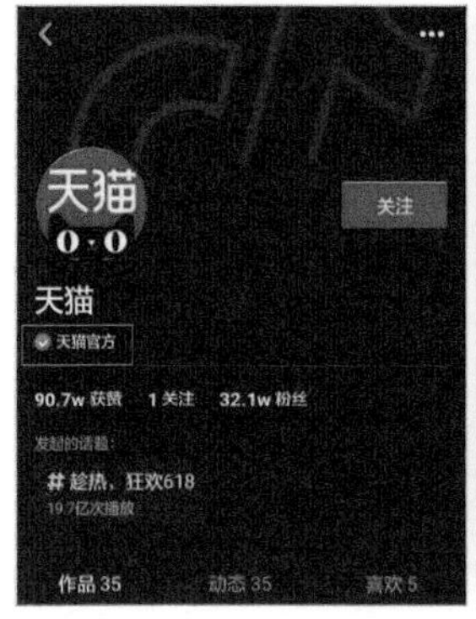

图 7-31 天猫官方VS“天猫”

最为常见的手法就是对品牌关键词和LOGO等的“山寨”，尤其是在主动搜索的过程中，利用相似性提高自己的曝光度，然而通过这种手段得来的粉丝来得快去得也快。这也提醒了“抖友”们保护好自己的品牌知识产权，通过加“V”认证等方式（企业“蓝V”或个人认证），避免自己的流量被分走。

其二，服务拓展。简单的理解就是，类似小米推出的“大屏搜集单手操作教程”“拍照翻译教程”等一系列原创功能教学短视频（图 7-32）。其实我们所看到的大多数同行业抖音号，都存在一个“借鉴”的问题，如宣传手机的拍照功能，都去借鉴手机摄影小技巧之类的网络攻略。

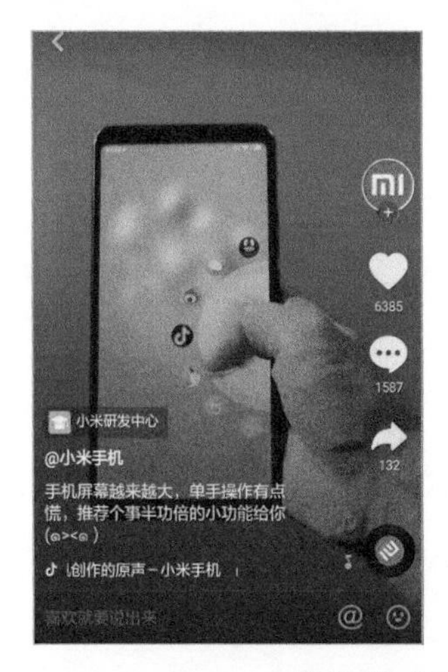

图 7-32 小米的教学短视频

拓展服务的本意在于给粉丝提供更多的价值，但如果涉及雷同，假如我们是“第一个搬运工”尚能够获得认可，可一旦落于人后就“不是抄也是炒”了。因此，在提供拓展服务的时候，最好能够选择自己享有原创保护的内容。可以大到新的产品专利，也可以小到独创的烹调手法。

其三，交互经营。我们熟悉的“哈啤”，其在2018年世界杯期间发起的“抖出新姿势”挑战赢李荣浩签名CD的活动，总播放量达到19.9亿次（图 7-33），这就是交互经营的典范。

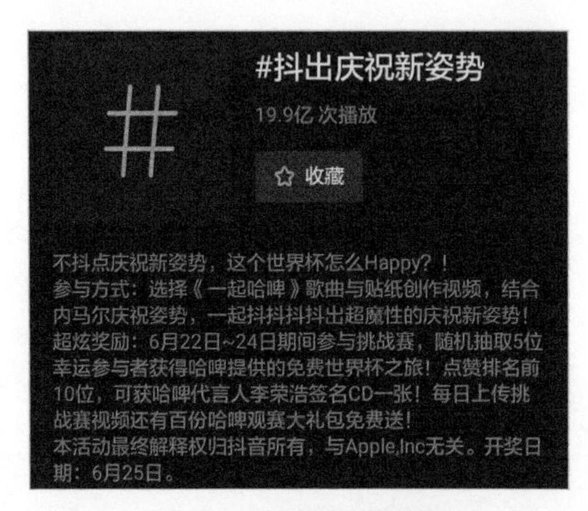

图 7-33 “哈啤”抖音挑战

反观抖音上也有不少“自说自话”的媒体人，如某啤酒品牌的官抖只发布过10几个作品，而且从未发起过活动，回复也相当僵硬。虽然该啤酒在国内名气并不小，但其在抖音的交互经营上是失败的。毫无原创性内容，甚至毫不积极的交互，都会导致粉丝黏度下降。

【小抖知道】

抖音挑战属于同主题创作，所以在思路和手法上，难免会与其他的参赛者雷同。在这种情况下，发布之后石沉大海也不是什么稀罕事。因此，挑战就是抢时间，发布靠前，总会有先发的优势，从而得到若干的流量。仓促拍摄难免影响质量，多看看其他的热门视频和挑战，准备更多的主题视频，一旦出现挑战可以第一时间发布，机会总是留给有准备的人。

7.2.4 知识变现：才艺展示永不过时

想要在抖音上保持生命力，自然少不了才艺展示，“抖友”们不要忘了这是一个音乐视频社区。最常见的才艺当属舞蹈、模仿秀，当然也少不了摄影、软件、厨艺教学等（图 7-34）。这些内容除了能够作为拓展服务赠送给粉丝外，自然也能够作为行业知识本身来变现。

图 7-34 抖音上的各种才艺分享

近年来，随着移动互联网的发展，手机视频教育行业发展迅速。可以说，只要有一技之长，都可以通过录制系列视频的方式进行教学分享。不过还需要注意以下几点。

其一，时长问题。首当其冲的就是时长，限于无法向粉丝全面展示，而剪辑可能会导致内容不全，通常可以采用“关键步骤字幕+变速”的方式。除此之外，拆分知识点也是相当有效的一种方法，这也是作为一个教学工作者需要掌握的基本技能。

其二，收费问题。抖音除了直播可以打赏，目前并不具备其他支付方式。因此，抖音展示才艺，分享知识的最终目的，还是吸引粉丝，通过其他平台完成转化。例如，通过淘宝、微商城等对详解视频、讲义资料的售卖的方式把知识变现。

其三，受众问题。在抖音上并不是什么样的才艺都适合变现的，最热门的是美食烹饪、手机摄影等领域。而通常需要在电脑上操作的教学，转化率不会特别高，如软件教学（图 7-35），最好只做效果展示。

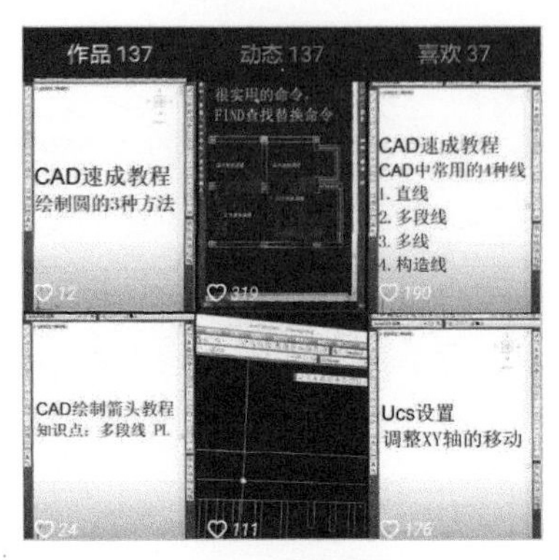

图 7-35 反响惨淡的软件教学

【小抖知道】

关于发布内容的建议。

（1）建议发布的频率是每周2~3条，保持活跃度，尽可能上热门。

（2）将15秒的视频拆解成封面、内容、“爆梗”三个部分，结尾的时候要“留梗”。

（3）背景音乐和视频要匹配，有节奏感。

（4）尽量人格化。无论是使用动画、语音都是要让用户有真实感。

（5）知识技巧类的视频更容易得到用户的分享转发，但点赞数会比较少。

（6）对于粉丝们的评论，要认真维护。

【“抖友”分享】好友互推至关重要

抖音的推荐机制可以参考今日头条，计算前1000个推荐中我们发布视频所获得的点赞数与转发数，如果这时候我们的视频点赞率和转发率（1000个为基数）比较高的话，就有很大的概率被再次推送给下1000个人。因此，抖音前1000个推荐内的点赞、转发和评论是相当关键的。想提高视频的曝光率，不得不仰仗于核心粉丝的贡献，而不是盲目的推送。

培养一批核心粉丝显得尤为主要，这一批人可以从自己的其他社交平台好友开始发展。说到底，如果能够借助熟人经济的优势，培养第一批粉丝就会容易得多。多给别人点赞、转发，那么到自己需要别人帮忙的时候也会容易得多。不要试图买“机器粉”，一旦被查封账号，则会进入抖音官方的监控，即便是解封之后，对于视频的推送也是极为不利的。